トリマー・ペットショップスタッフが
日常業務で使える知識

めざせ早期発見!
わかる犬の病気

第2版

小沼 守 著

第2版にあたって

　本書の第1版を2017年に上梓させていただいたところ、多くの読者にご活用いただけたおかげで、第2版を上梓することとなりました。これまでの読者の皆様に改めて御礼申し上げます。

　第1版の上梓から7年が経過し、猫の飼育頭数が犬を超えるなど、犬の世界も大きく変化しました。10年後には「犬がいなくなる」という噂もありますが、それはないと思います。なぜなら犬には犬のよさがあり、愛すべき仲間であり家族であるからです。

　そんな愛すべき犬の病気を早期発見できるのは、トリマーやペットショップ店員、愛玩動物看護師、アニマルケアスタッフなど専門家の皆様です。本書を活用することで、早期発見から病気を防ぎ、万が一病気になった場合でも早期回復につなげる一助になれたら幸いです。

　なお、第2版では、これまでの内容を踏襲しつつ、日進月歩の獣医療の変化に応じて修正を加えました。また、7年経過して、注目すべき疾患や項目も増えたため、人獣共通感染症や事例集などを大幅に追記しました。もちろん第2版も、学生をはじめ現場で働く方々にも興味を持ってもらえるように、わかりやすさを心がけて執筆いたしました。現時点の第2版として、不足がないよう網羅した構成にしましたが、もし「こんな内容を盛り込んで欲しい」など要望がありましたら編集部までご連絡ください。

　最後に、本書の執筆に協力してくれた大相模動物クリニック関係者の皆様、トリミングの技術的な助言をいただいた天野雅弘先生、第2版の編集作業にお付き合いいただいた株式会社EDUWARD Press編集部の皆様に、心から感謝申し上げます。

2024年8月吉日

小沼　守

はじめに

　私は、臨床歴26年の獣医師ですが、臨床の傍ら動物看護師養成機関（専門学校や大学）で10年ほど講義を担当しています。その中で、授業をいかにおもしろく、学生さんに少しでも興味をもってもらうためにはどうすべきかを長年模索してきました。

　そこで出た一つの答えは、すべての知識を詰め込むのではなく、できるだけ現場に則した内容に形を変えながら、これだけは覚えて欲しいと思うポイントを中心に授業を行うことが、結果的に興味を持って多くのことを覚えてもらうことにつながるのではないかということでした。

　まず、本書の執筆依頼を受けたとき、"教科書は難解で当たり前" というイメージをいかに打破するか、を考えました。教科書特有の "とっつきにくさ" を克服するために、最低限の情報をチャートや表でまず理解できるように "わかりやすさ" を重点に置きました。

　しかしその "わかりやすさ" には反面、教科書としては情報量不足という問題が露呈します。そこで、情報量をカバーし、より深く学ぶために「ちょっと深読みコーナー」をつくりました。

　また、学生さんだけでなく、現場で働くトリマーやペットショップスタッフの方にも役立つように、現場で使えるポイントや現場で困った時の対処法を随所に盛り込み、再学習に備えて、自分自身に不足している知識が何かを認識できるようにもまとめました。なぜなら、現場で活躍するトリマー・ペットショップスタッフの方に役立つ本であれば、それを目指す学生さんにも関心を持ってもらえるはずだと考えたからです。

　読者の方々はそれぞれニーズが違うと思いますので、自分に合ったバランスで本書を活用していただきたいと思います。

　トリマーやペットショップスタッフの方々は、カットするだけ、動物や動物用品を販売するだけではなく、飼い主さんから見れば"動物のプロ"です。健康であれば動物病院には、1年に数回のワクチンやフィラリア、ノミ・マダニ予防の時以外は来院されないわけですから、動物病院よりも、いわゆる健康な犬（隠れ病気犬）をみる機会が多いため、その健康状態を把握することで、病気の早期発見が可能になるのです。また、獣医師や動物看護師よりも飼い主さんに近い存在として、犬たちの不調に対する飼い主さんの不安感などもお話しいただく機会は多いでしょう。

　よって、犬たちの些細な異変にも気づくことができる、飼い主さんから信頼される存在になるために、本書が少しでもお役に立てることを祈っています。

　最後に、本書の執筆に協力してくれた大相模動物クリニック関係者の皆様、トリミングの技術的な助言をいただいた天野雅弘先生、私に教科書という責任重大な書籍を上梓するチャンスをいただき、そして私の奇抜なアイデアを取り入れ、難解な編集作業にお付き合いいただいた株式会社インターズー（現エデュワードプレス）高橋真規子様に心から感謝申し上げます。

2017年2月吉日

小沼　守

もくじ

第2版にあたって ... iii
はじめに ... iv
本書の使い方 ... ix

第1章 トリミング前の全身チェック ... 1
1. 全身チェック ... 2

第2章 人と動物の共通感染症 ... 15
1. 人や動物にうつる恐れのある病気 ... 16

第3章 早期発見するための部位別病気の知識 ... 27
1. 皮膚の病気 ... 28
2. 耳の病気 ... 52
3. 目の病気 ... 62
4. 鼻と口の病気 ... 72
5. おしり・お腹まわりの病気 ... 80
6. 足先・膝・腰まわりの病気 ... 90

第4章 トリマー・ペットショップスタッフ必須の基礎知識　101

1. シャンプーの基礎知識 …………………………… 102
2. トリミングサロン・ペットショップ内の正しい清掃・消毒方法の基礎知識 …………………………… 114
3. ワクチンの基礎知識 …………………………… 118

第5章 信頼されるトリマー・ペットショップスタッフになるための飼い主さんへの病気・症状説明模範回答集　123

アレルギー／外耳炎／角膜炎／気管虚脱／逆くしゃみ／結膜炎／
甲状腺機能低下症／肛門嚢炎／股関節形成不全／子宮蓄膿症／耳血腫／
自己免疫性疾患／歯周病／膝蓋骨脱臼／膵炎／潜在（停留）精巣／
前十字靭帯断裂／僧帽弁閉鎖不全／胆嚢粘液嚢腫／糖尿病／
乳腺腫瘍／尿路結石／膿皮症／白内障／皮膚糸状菌症／
副腎皮質機能亢進症（クッシング症候群）／
副腎皮質機能低下症（アジソン病）／
ぶどう膜炎／ヘルニア／マラセチア皮膚炎（脂漏症）／慢性腎臓病／
慢性腸症／毛包虫症（ニキビダニ症）／門脈体循環シャント／緑内障

［五十音順］

第6章 トリミングトラブル解決集
トリミング中にやってしまった・トリミング後に気が付いたトラブル13選 …… 131

- 1. 爪切りで出血させてしまった …… 133
- 2. 目がショボショボしている（羞明）≒角膜炎 …… 134
- 3. フケが多くなった …… 134
- 4. 皮膚をかゆがったり赤くなったりしている …… 135
- 5. 嘔吐や下痢をした …… 136
- 6. 血尿が出てしまった …… 136
- 7. 片足立ちになっている、足腰が立たない …… 137
- 8. 足先を舐めている、さわると嫌がる …… 137
- 9. イボや皮膚を切ってしまった …… 138
- 10. アザや跛行（足を上げる）などのケガをしてしまった …… 139
- 11. 誤診されたとお叱りを受けた …… 140
- 12. 呼吸が荒くなりくしゃみをしている …… 140
- 13. トリミング後から身体の一部を咬んだり舐めたりしている …… 141

Column

- コミュニケーションのコツ PNPってなに？ …… 25
- 除菌・除菌・除菌はやめましょう …… 29
- 脱毛＝皮膚病とは限りません …… 49
- 歯石を取るのに麻酔が本当に必要なの？ …… 79
- 衛生面の強化は、イメージ戦略としても重要！ …… 122

Topic

- あれも耳血腫？ …… 61
- ホームデンタルケアの手順 …… 78
- 犬の痛みはわかりづらい …… 97
- 感染源になりやすいクリッパーの刃の完全消毒は難しい！ …… 117
- トリミングやシャンプーにおけるワクチンの重要性 …… 118

- 索引 …… 144
- 著者プロフィール …… 149

本書の使い方

　本書は、トリマーやペットショップスタッフとして現場で活躍するために必要な「本当に使える」知識だけを厳選して掲載しています。

　信頼されるプロとして活躍するためには、トリミングなどの技術を上げることはもちろんですが、病気の早期発見をめざして、犬の異常にいち早く気づくこと、そしてトリミングやケアによって症状や状態を悪化させないための対策がとれることが大切です。

　本書は、病気の知識はもちろん、シャンプーやワクチンなどの必須基礎知識から、病気説明の模範回答集やトラブル解決集まで、現場の声を広く集めてまとめました。

　学生のうちから現場のニーズをしっかりとつかみたい！　忙しい中でも現場に即した内容をしっかりと学びたい！　どんなときも焦らず冷静に対応できるようになりたい！　そんなときは本書が役立ちます。

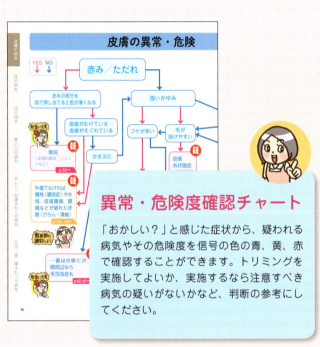

異常・危険度確認チャート

「おかしい？」と感じた症状から、疑われる病気やその危険度を信号の色の青、黄、赤で確認することができます。トリミングを実施してよいか、実施するなら注意すべき病気の疑いがないかなど、判断の参考にしてください。

豊富な写真とイラスト

さまざまな病気を実際の症例写真とわかりやすい解剖図で紹介しています。

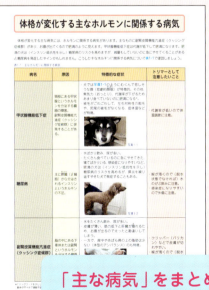

「主な病気」をまとめた表

部位ごとに、一目でどのような病気や症状があるのかがわかるように一覧表にしました。

ちょっと深読みコーナー

危険度が高く理解しておきたい病気や、身近で遭遇しやすい病気の、原因・症状・分類・治療・注意点などを簡潔にまとめました。深く学びたいときにじっくりと読みましょう。

第1章
トリミング前の全身チェック

1. 全身チェック --- p.2

全身チェック

全身状態（体格と体調）の確認

　トリミング前に全身状態を評価することは大変重要です。その評価で最も重要なのは体重です。もちろん以前の体重がわからないと評価できませんが、みえない体調不良を発見するのに有効です。また、体重という単純な重さだけでなく体格の評価も重要です。体格の評価には主にボディコンディションスコア（BCS）というスケールが使われます（P.3参照）。また、体調も確認する必要があります。飼い主さんからの情報として元気、食欲、飲水量、排便、排尿に問題がないかを聞き、加えてトリマー自身が犬の顔色やバイタルチェック（体温、脈拍、呼吸）、肉眼的な全身状態の変化を確認（図1-1参照）することで体調を評価しましょう。

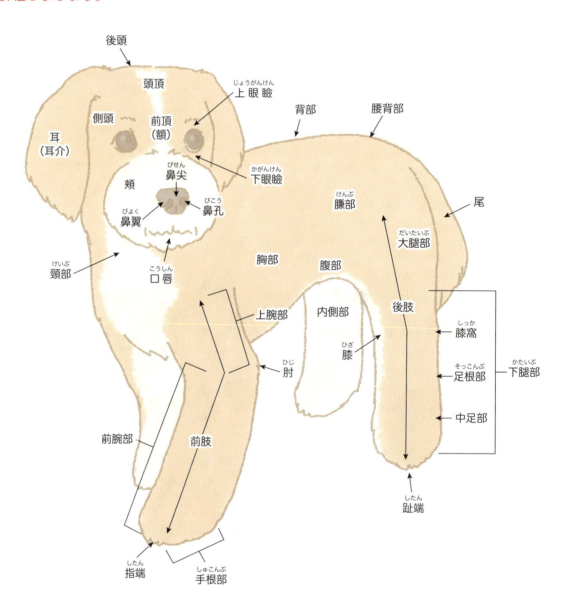

図1-1　部位の名称とチェック内容

体格　〜BCSと体重の増減〜

　飼い主さんからトリミング時に飼い犬について、「うちのコ太っていますか？」「やせすぎですか？」と聞かれることがありますが、体格の異常が深刻な病気につながることは少ないでしょう。しかし、トリミング前に体格を確認することは体調チェックの指標にもなるので重要です。

　体重だけで体格が標準か、やせすぎか、太りすぎかはわかりません。そこでそれを評価するための方法としてボディコンディションスコア（BCS）を用います。BCSには、5段階のものと図1-2に示した9段階のものがあり、主に腰のくびれの有無、肋骨をさわれるかなどで評価します。適正体型として評価されるのは9段階中4または5です。スコアで評価することにより体重だけでは見逃されがちな隠れた病気を発見する手がかりとなることもあるので、積極的に評価する必要があります。

※BCS4〜5が適正な体型といわれている。

図1-2　9段階のBCS　（ロイヤルカナンジャポン合同会社パンフレットより許可を得て掲載）

【やせている】➡ BCS 1〜3
・遠くからでも肋骨などの骨がはっきりと見える
・さわれる体脂肪が全くない
↕
・腰のくびれが明らかで、骨盤周囲が骨ばって見える
・さわれる体脂肪がほとんどない

【適正】➡ BCS 4・5
・腰のくびれが明らか
・腰の巻き上りがはっきりしている
・肋骨は余分な脂肪に覆われることなく、容易にさわれる

【太りぎみ】➡ BCS 6
・腰のくびれはあるが、あまりはっきりしていない
・腹の巻き上がりがある
・肋骨はわずかに余分な脂肪に覆われているが、さわれる

【太っている】➡ BCS 7〜9
・腰のくびれはほとんどまたは全くない
・腹の巻き上がりはほぼない
・肋骨はかなりの脂肪に覆われるが、なんとかさわれる
↕
・腹部は明らかに丸みを帯びている
・腰のくびれおよび腹の巻き上がりはない
・首と四肢に脂肪沈着がある

BCSで病気を診断するわけではありませんが、体重とBCSとのバランスの悪さがあった場合は、病気の疑いがあるので獣医師に相談しましょう。

体格の異常・危

異常チェック項目

- □ やせすぎ／太りすぎ
- □ お腹が出ている
- □ 元気がない、寝てばかりいる、疲れやすい
- □ 食欲がない／食欲が減った／偏りがある
- □ 便がゆるい／便の形がおかしい／便が小さい
- □ 尿が濃い／尿が薄い
- □ 顔色が悪い（結膜や歯肉、舌の色など）
- □ 呼吸がおかしい

YES → ／ NO ↓

体重減少

BCS適正 [4・5/9（3/5）]
→ **なんらかの症状がなければひとまずOK**

運動量と栄養とのバランスを確認しましょう。また、やせすぎの犬は体力を消耗しやすく、シャンプーで冷えると体調が悪くなるので注意しましょう。

他の動物にうつるウイルスの病気や消化管内寄生虫（回虫は人にも）だけは除外しておきましょう。

BCSやせている [1〜3/9（1・2/5）]

食欲なし（低下）

嘔吐または下痢なし 【疑】
飢餓状態（栄養不良）、糖尿病（多飲多尿あり）、甲状腺機能亢進症、腫瘍、心臓病（ときに発咳に続き痰を吐く、ときに嘔吐あり）、消化管内寄生虫

嘔吐または下痢（軟便を含む）あり 【疑】
食道の病気（食道拡張、異物、腫瘍など）、胃腸の病気［腫瘍、異物、感染症（細菌・ウイルス・消化管内寄生虫）、炎症、食物アレルギー、膵炎、肝臓病、胆嚢疾患、腎臓病、生殖器疾患など］

獣医師に確認しよう

険度確認チャート

```
         体重増加
        ↙      ↘
   BCS増加      BCS減少
                ↓
                （取扱い注意）
          ↙        ↘
     全身のむくみ    お腹だけが大きい
      （浮腫）       （腹囲膨満）
```

疑 肥満
ホルモンの異常の場合もあるので体調の変化に注意!!

　肥満の犬は、お湯の温度やドライヤーの熱、興奮などで体温が上昇しやすく、気管も弱いので熱中症や呼吸困難に注意しましょう。また、膝や腰も痛めやすいので扱いには注意しましょう。

疑 全身のむくみ（浮腫）
例：心不全・肝不全、腎臓病・低タンパク血症など

　犬のむくみ（浮腫）は大変危険なサインです。むくみをおこす原因として知られているのは、肝不全（タンパク質がつくれない状態）、腎臓病（タンパク質がもれる状態）などです。これらにより、血液中のタンパク質が少なくなると血管内のバランスが崩れ、血管の外に水分（間質液）がもれた結果、むくみます。また、うっ血性心不全でも、心臓から十分な血液が送れなくなると、血液を受け取る身体の各部分で血液のうっ滞がおきて、むくみが生じます。いずれにせよ、むくみは深刻な症状なのでトリミングは中止するべきです。

疑 お腹だけが大きい（腹囲膨満）
例：腹水、お腹の臓器が腫れている、ホルモンの病気、妊娠など

背中はゴツゴツしているけどお腹は大きいなど、バランスが悪いのは病気かも？

体格が変化する主なホルモンに関係する病気

　体格が変化する主な病気には、ホルモンに関係する病気があります。主なものに副腎皮質機能亢進症（クッシング症候群）があり、お腹が出てくるので肥満のように見えます。甲状腺機能低下症は代謝が低下して肥満になります。肥満の犬は（インスリン抵抗性を示し）糖尿病のリスクを高めますが、減量もしていないのに急にやせてくることがあると糖尿病を発症したサインかもしれません。こうした主なホルモンに関係する病気について表1-1で確認しましょう。

表1-1　主なホルモンに関係する病気

病名	原因	特徴的な症状	トリマーとして注意したいこと
甲状腺機能低下症	頸部にある甲状腺というホルモンを分泌する臓器の障害。副腎皮質機能亢進症（クッシング症候群）に併発することがある。	・犬では写真1-1のようにむくんで悲しそうな顔（悲劇的顔貌）が特徴。その他、無気力（おっとり）、代謝率が下がるためあまり食べていないのに肥満になる*。 ・被毛がごわごわして、左右対称性の脱毛や、尻尾の被毛がなくなる、低体温などが特徴。 写真1-1	・代謝率が低いので体温調節に注意。
糖尿病	主に膵臓（β細胞）から分泌されるインスリンというホルモンの不足。	・水ばかり飲み、尿が多い。 ・たくさん食べているのに急にやせてきた、寝てばかりいる、感染症になりやすいなど。 ・肥満の犬は（インスリン抵抗性を示し）糖尿病のリスクを高めるが、膵炎を繰り返すやせた犬で発症することもある。 写真1-2	・喉が渇くので（脱水状態でなければ）水のがぶ飲みに注意。 ・感染症になりやすいので外傷に注意。
副腎皮質機能亢進症（クッシング症候群）	脳の中にある下垂体または副腎というホルモンを分泌する臓器の障害。	・水をたくさん飲み、尿が多い。 ・皮膚が薄い、筋力低下と肝臓が腫れるため、お腹が出るので太ったと勘違いしてしまう。 ・一方で、背中やあばら骨の上の脂肪は少ない（体型のアンバランス）のも特徴。 写真1-3	・クリッパー（バリカン）などで皮膚が切れやすい。 ・喉が渇くので（脱水状態でなければ）水のがぶ飲みに注意。

＊「ドッグフードを少ししか与えていない」「おやつは少しだけ」という飼い主からの話があっても実際は、規定量より多く与えていたり、人の食べ物を与えていたり、散歩が不十分で運動不足の場合もあるので注意が必要。

体調（元気・食欲・排便・排尿）の異常チェック項目

　トリミングなどで預かる際、「〇〇ちゃんの本日の体調はいかがですか？」と飼い主さんに聞くと、ほとんどの場合「大丈夫です」といわれることが多いのですが、飼い主さんが認識していない体調不良があるかもしれません。トリミングで体調不良となっては困るので、「体調」という大きなくくりではなく、もう少し細かく聞くとよいかもしれません。

　まずは、体調に関係する元気・食欲・排便・排尿について、その異常チェック項目を解説します。

元気がない、食欲がない、下痢・吐き気、血尿が出ているなど体調が悪い場合は、トリミングでさらに症状がひどくなる可能性が高いので中止すべきです。

　本項では、飼い主さんがあまり気にとめていない体調不良をチェックできる異常項目をまとめました。各項目で、どれか1つでもチェックのある場合は、体調不良の疑いがあるので、飼い主さんにできるだけ獣医師に相談するようにお伝えしましょう。

元気はあるけれど……

　飼い主さんが「元気がない」と評価するのは、よほどぐったりして動かないときだけの場合が多いです。そうなる前に以下のような症状がないか飼い主さんに確認しましょう。
　以下、チェック項目を（　）内に考えられる原因疾患と共に記載します。

異常チェック項目

- ☐ 寝てばかりいる（発熱、疼痛（とうつう）など）
- ☐ あまり寝付けない（妙に落ち着きがないのは脳の興奮か、疼痛、呼吸障害など）
- ☐ 散歩の途中で疲れやすい（整形外科疾患*、循環器・呼吸器疾患など）
- ☐ 散歩を嫌がる（眼科疾患、整形外科疾患、問題行動など）
- ☐ その他の症状（食欲がない、下痢、嘔吐）がある

＊整形外科疾患：股関節疾患、膝蓋骨脱臼（しつがいこつ）、椎間板ヘルニアなど。

食べてはいるけれど……

食欲も元気の有無と同様に、見逃されることが多いので、以下のような状態があれば食欲低下の疑いがあるので注意しましょう。

異常チェック項目

- ☐ いつもの時間内に食べない
- ☐ 最近、飽きっぽい
- ☐ 食いつきが悪い
- ☐ 食欲にムラがある
- ☐ おいしい物（おやつまたは人用の食べ物など）しか食べない

便に問題が……

便に関しては、元気や食欲と違い、「便に問題はないが、便に関わる病気を見逃している」ということはよくあります。少しおかしいと気づいていても、様子をみてよい範囲だと飼い主さんが評価している場合が多いからです。

以下、下痢や血便など重度な異常以外のチェック項目を（　）内に考えられる原因疾患と共に記載します。

異常チェック項目

- ☐ 便が小さい、細切れになることがある（食欲低下や前立腺疾患）
- ☐ 便の形が平べったい（前立腺疾患、会陰ヘルニアなど）
- ☐ 下痢ほどではないが、最後のほうがやわらかい
- ☐ 便の色が黒いまたはいつもと違う（消化管出血、肝臓および胆嚢疾患など）
- ☐ 下痢はないが血が付いている（出血性大腸炎、直腸ポリープ、肛門嚢炎など）
- ☐ どろっとした粘液がついている（大腸炎など）
- ☐ 便が出ない（力みがあれば便秘だが食欲もなければ腸内がからっぽという場合もある）
- ☐ 力んでいる、出にくい（便秘、前立腺疾患、会陰ヘルニアなど）

尿に問題が……

便の異常同様、血尿や尿が出ないなど重度な場合を除いた異常チェック項目を（　）内に疑われる疾患と共に記載します。

異常チェック項目

- ☐ 色が濃いまたは黄色い（膀胱炎、肝臓病など）
- ☐ 色が薄い［副腎皮質機能亢進症（クッシング症候群）、糖尿病、慢性腎臓病、ストレスなど］
- ☐ 量が多い（副腎皮質機能亢進症、糖尿病、慢性腎臓病、ストレスなど）
- ☐ 量が少ない・出ない（脱水、膀胱炎、尿路結石など）
- ☐ においがきつい（膀胱炎、肝臓障害、前立腺疾患、尿路結石など。甘ったるいにおいなら糖尿病）
- ☐ においがない（副腎皮質機能亢進症、糖尿病、腎臓病、ストレスなど）
- ☐ 浮遊物または沈殿物がある（膀胱炎、尿路結石、前立腺疾患、子宮疾患、腫瘍など）

体調（顔色・体温・呼吸・脈拍）の異常チェック項目

　トリミングという長時間の不動化や拘束、興奮、さらにシャンプーやドライヤー、お湯の温度などが関係し、犬の体調が悪くなることがあります。しかし、犬は体調不良を自ら訴えることはできないので、トリマーは体調異常のサインを見逃さないようにする必要があります。

　体調異常を確認する方法には、人ではバイタルサインという患者の生命に関する最も基本的な情報として、体温・心拍数（脈拍数）・呼吸（数）・血圧の4項目を用いています。動物病院では、人のバイタルサインから血圧を除いた「体温」、「脈拍数」、「呼吸（数）」が日常的に評価されています（この他、「痛みの評価」、「栄養状態の評価」もバイタルサインに加えられることもあります）。これらを確認することを**バイタルチェック**といいます。

　本項では、その中でも主に評価されるTPR〔体温・脈拍（数）・呼吸（数）〕と、まずは外貌で簡単に評価できる「顔色」を加えた異常チェック項目について解説します。

まずは、顔色

　犬の顔色なんてわかるの？　なんて声が聞こえてきそうですが、いわゆる顔色といわれるものには、結膜や歯肉の粘膜（可視粘膜）、舌の色が含まれ、それらで評価をします。

　口をさわれない場合は、無理をせず口を開けたときに歯肉や舌の色をのぞいてみてください。

異常チェック項目

- ☐ 結膜や歯肉、舌の色が白いまたは薄い（貧血、ショックなど）
- ☐ 結膜や強膜（白目）、歯肉、舌の色が黄色い（黄疸など）
- ☐ 結膜や歯肉、舌の色が青い/グレー（貧血、呼吸不全、ショック、異常な興奮など）

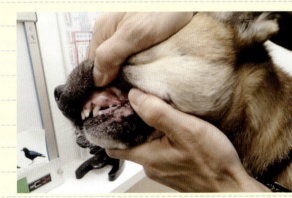

写真1-4　可視粘膜の確認

体温［基準38.3 〜 38.8℃（直腸温）］

　高体温は興奮や発熱、低体温は体調不良やショック状態の可能性があるので、興奮状態ではないのに高体温や、37.5℃以下の低体温時はまずは再測定をして、それでも同じ結果の場合は、獣医師に相談しましょう。
　測定部位は直腸（写真1-5参照）や耳（写真1-6参照）がありますが、耳温はあくまでも目安程度であるため直腸温を測定しましょう。

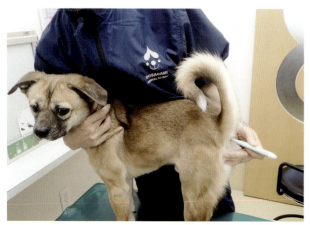

写真1-5　直腸温の測定
体温を正確に測定するときは直腸温を測定する。

写真1-6　耳温の測定
直腸温より低く出ることが多いのであくまでも目安ととらえる。

脈拍数（基準70 〜 160/min）

　聴診器があれば心拍数で評価ができますが、トリミングサロンやペットショップなどでは難しいと思うので、聴診器がなくても心拍数と同様に評価できる脈拍数で評価しましょう。脈拍は慣れないと測るのが難しいかもしれませんが、コツをつかめば大丈夫です。まず、股の内側の股動脈を軽く押し当てるようにさわると股動脈脈圧（股圧）がさわれます（写真1-7参照）。その股圧でさわれる脈の数を15秒数え、その数字を4倍すれば1分間の脈拍数となります。
　できればトリミング前に測定しておいてトリミング中や終了後に比べられるとよいですが、難しい場合は、トリミング中に元気がなくなったときなどに測定しましょう。もし、脈拍数が少ない、脈が弱い、脈がさわれないなどがあったら危険なのですぐに獣医師に相談しましょう。

呼吸数（基準20 〜 34/min）

　呼吸数が少ない場合は、倒れていなければ大きな問題ではないことが多いですが、呼吸数の多い場合は、異常な興奮や運動直後でなければ異常呼吸となり問題です。その原因には、一般的には発熱（または熱中症）が多いですが、心臓や気管、肺など重篤な病気のことがあるので、呼吸数が極端に多い場合は獣医師にすぐに相談しましょう。なお、異常呼吸の詳細については「ちょっと深読みコーナー」（p.11）を参考にしてください。

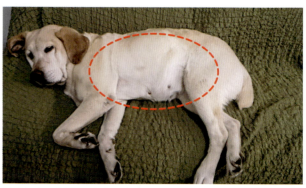

写真1-8　呼吸数のカウント
お腹の部分の上下運動を1回とカウントするとわかりやすい。また呼吸数だけでなく苦しいときに出る、お腹での呼吸（腹式呼吸）などの呼吸様式にも注意する。

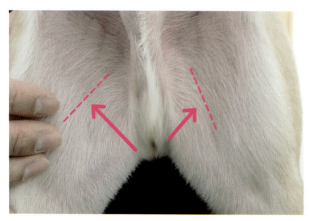

写真1-7　大腿動脈測定
矢印の付近に指を当てて測定する。

Step up! ちょっと深読みコーナー
~注意したい病気や症状~

○ 異常呼吸

呼吸が速いのは要注意

トリミングに来ると興奮しすぎてしまう犬は別ですが、いつもより呼吸が速い場合は注意が必要です。犬は1分間あたり40回以上の呼吸数が終日続いていれば異常呼吸（呼吸促拍(そくはく)、呼吸困難、頻呼吸）と判断されます。中でも舌を出して荒い呼吸をしている状態をパンティング（写真1-9参照）といいます。パンティングに、体温上昇を伴う場合は、トリミングを中止して、すぐに身体を冷やし、安静にさせますが、ときには酸素吸入（写真1-10、11参照）が必要なこともあります。

異常呼吸を示す主な病気には、呼吸器や循環器疾患がありますが、症状だけでは確定できませんし、トリマーやショップスタッフである皆さんが確定または診断する必要はありません。しかし慢性的な咳がある場合は気管や心臓、肺の病気である可能性があり、トリミングで体調を崩す、または倒れる可能性があることを覚えておいてください。よって、いずれにせよ異常呼吸を示した場合は、トリミングを中止し、すぐに獣医師に相談してください。

写真1-9　気管虚脱によりパンティングを示している犬

写真1-10　マスクによる酸素吸入

写真1-11　酸素室による酸素吸入

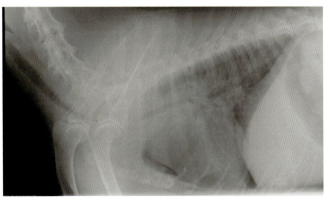

写真1-12　気管虚脱のX線写真

写真1-13　鼻孔狭窄

表1-2 異常呼吸を示す主な犬の病気

病名	原因	特徴
熱中症・熱射病	高温、高湿度などの環境下。	高熱。
感染性肺炎・気管支炎	細菌やウイルス*1などの感染症。	発熱。
誤嚥性肺炎	嘔吐や食道拡張症などに続発した誤嚥から発症。	消化器症状に注意。
気管虚脱*2（p.11 写真1-12参照）	先天的または後天的に、気管支がへこんだり、ぺったんこになったりして、気管が狭くなり呼吸困難となる。	「ガーガー」や「ブヒブヒ」という大きく口を開けてする荒々しい呼吸音が、吸ったときに聞こえる。
肺水腫や胸水	心臓病*3や肺腫瘍、肺捻転、血栓のつまり（肺血栓塞栓症、肺梗塞）など。	食欲低下・食欲廃絶と発咳がある。
短頭種気道症候群	短頭（吻）種に多く、鼻の穴が小さい［鼻腔狭窄（p.11写真1-13参照）］、軟口蓋過長症、気管低形成などが原因。	元気はあるが疲れやすく、ときに異常呼吸が出る。

*1 犬ジステンパー、ケンネルコフ（パスツレラ菌、ボルデテラ菌など）。
*2 好発犬種には、トイ・プードル、ヨークシャー・テリア、チワワ、ポメラニアン、マルチーズ、パグなど。
*3 心臓病には、年齢を重ねておこるもの（後天性）と生まれつき心臓が悪いもの（先天性）があり、後天性には、僧帽弁閉鎖不全や心筋症（歯石などの細菌が原因のことが多い）、フィラリア症などがあり、先天性には動脈管開存、心室中隔欠損、肺動脈狭窄症、大動脈狭窄症、ファロー四徴症などがある。

逆くしゃみ

鼻から空気を急激に吸い込む発作

くしゃみとは空気が鼻孔を通して急速に押し出される現象のことをいいますが、「逆くしゃみ」は鼻孔から空気を急激かつ連続的に吸い込む発作性の呼吸です。まるで犬がくしゃみを吸引しようとしているかのように見えるため、逆くしゃみと呼ばれています。

逆くしゃみは短頭（吻）種や小型犬（プードル、パピヨン、チワワなど）でよくみられ、原因は不明ですが、犬が逆くしゃみをしている最中は、首を前方に伸ばして、目を開き、起立した状態で、喘息のように大きな鼻息音を奏で、鼻から急速に空気を吸い込みます。通常は数秒から数分で治まりますが、犬が窒息するのではないかと不安になる飼い主さんも多いです。もしトリミング中に発作が出た場合は、特別な対処法がないので落ち着く場所で静かにさせてください。

トリミング中に体調が急変した！
（緊急状態の評価法と応急処置）

トリミング前にショック状態かを判断することはほとんどないですが（その場合はまず動物病院に向かっています）、トリミング中に体調が悪くなってしまい、ショック状態に陥る可能性は考えられます。そこでショック状態かどうかを評価する方法を知っておくことも重要です。

表1-3　異常呼吸を示す主な犬の病気

ショックが疑われる状態	考えられるショック状態
☑ 可視粘膜の色が薄い	心臓病、貧血、ショックなど。
☑ 舌の色が薄い・青い（チアノーゼ）	呼吸器疾患、心臓病、貧血、ショックなど。
☑ 耳や手足の先が冷たい	低体温、心臓病の状態悪化、貧血など。
☑ 伏せている、立てない	立たせても立てないか、立つ気力がないとしたら虚脱状態。
☑ 呼吸が荒い、速い	興奮しやすい犬でもなく、熱くもないのにパンティングしていれば異常。発熱、気管や肺、心臓の病気など。 ※シャンプーやドライング中・後なら熱中症の可能性。
☑ どこかを強く痛がる、ずっと鳴いている	跛行あり：脊髄疾患、膝蓋骨脱臼、前十字靭帯断裂、骨折など。 跛行なし：腹部臓器の破裂（脾臓、膀胱など）、胆嚢疾患、膵炎など。 ※跛行：足を上げたり、片足立ちでピョンピョン跳ぶ。

取扱い注意

直前までの体調がよくても夏場では、炎天下に長時間いた（歩いてきた）、車にしばらくひとりでいさせたなどがあれば熱中症やショックになっている恐れあり→バイタルチェックへ！

トリミング中に呼吸困難やショック状態に陥れば、すぐに動物病院に緊急搬送するしか方法はありません。そのため、とにかくその状態を早く発見することが重要です。しかしすでにそうなってしまった場合、緊急搬送するまでに何ができるかを考えましょう。呼吸困難や呼吸促迫が熱によるもの、つまり熱中症による高体温を疑うならすぐに水を飲ませたり、身体に水をかけたりして冷やします。ただし、熱の影響ではない呼吸困難時は冷やすと悪化するので、冷やす前に体温を測定するか、それが無理なら耳介や手先、口腔粘膜が熱くないかなどを調べましょう。

呼吸がほとんどない、またはしていない場合は気道確保が重要です。口の中に異物があればそれを取り除くのが先決ですが、なければ気管内の空気の通りをよくするため（気道確保）首を上方に伸ばしましょう。もちろん酸素があれば酸素吸入を迷わず実施しましょう。もし心肺停止なら心臓マッサージ（p.14図1-3参照）をします。酸素吸入をしなくても心臓内に残っている血液中の酸素が全身にまわれば回復することがあるので、人工呼吸よりまずは心臓マッサージを実施し、その直後に呼吸も重要なので人工呼吸をしましょう。

＜心臓マッサージの方法＞

1. 犬を硬い床（中型・大型犬などの場合）や丈夫な台の上（小型犬などの場合）に、右横臥位で寝かせます。マッサージの圧力が腹部にいかないように、お腹にタオルなどを巻きます。
2. 気道に異物がないか確認し、あれば摘出して、なければ犬の首を伸ばして気道を確保する。
3. 動物の背側に位置をとり、右側胸壁の第4・5肋軟骨結合部を、身体の幅が1／2〜1／3沈む強さで、手のひらを使って圧迫します（図1-3左参照）。
4. 人工呼吸は口ではなく鼻から行います。感染予防のためにハンカチやガーゼを鼻に当ててから行いましょう。また、空気が適切に入っているかを確認するために胸のふくらみを確認しましょう（図1-3右参照）。
5. 「胸部圧迫30回→人工呼吸2回」を絶え間なく繰り返します。
6. 犬や猫の場合は、100〜120回／分で心臓マッサージを行います。
7. 1人で行う場合、胸部圧迫と人工呼吸を両方どうしてもできない場合は、助けが来るまで、胸部圧迫を優先して行います。2人いる場合は、1人が背側、もう1人が腹側に位置し、腹側から胸部圧迫を行い、背側から人工呼吸を行います。

犬に心臓マッサージをしながら、動物病院へ搬送します。

「動物看護師としてどう動く？ 犬と猫の応急処置」［インターズー（現エデュワードプレス）刊］より、一部改変

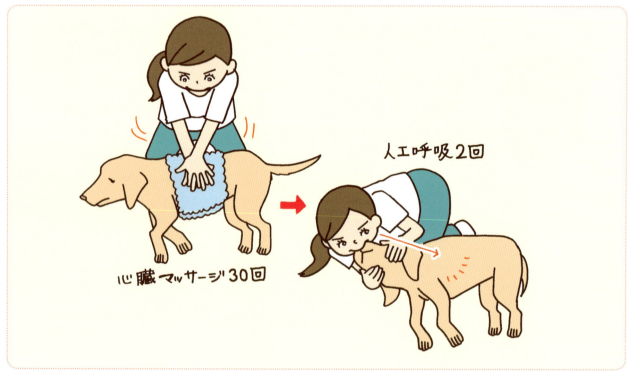

図1-3 心臓マッサージ

第 2 章
人と動物の共通感染症

1. 人や動物にうつる恐れのある病気 p.16

人にうつる人獣共通感染症（ズーノーシス）

トリミングサロンやペットショップで勤務する場合は、人と動物の共通感染症（人獣共通感染症；ズーノーシス）や、職場で感染する恐れのある病気について知っておく必要があります。本章では病気をウイルス、細菌、寄生虫などの原因別に解説しています。
　加えて、感染するかもしれないその他の病気についても最後に簡単に解説しています。

人獣共通感染症の原因

　人や動物にうつる病原体には、微生物*1のウイルス、細菌、真菌や寄生虫があります。
　ウイルスは、核酸がタンパク質の殻で包まれた粒子として構造がなく、大きさが病原体の中で最も小さいため、光学顕微鏡では観察できません。自己増殖できず宿主細胞の中の細胞の代謝系を利用して複製します。
　細菌とは、原核生物に分類され核構造をもたない単細胞生物で、光学顕微鏡で観察できます。一般に細胞壁をもち自己増殖できます。
　真菌とは、カビ、酵母、キノコなどの総称で、核をもつ真核生物ですが、細胞壁をもち、光学顕微鏡で観察できます。
　寄生虫の寄生には、病原虫体の伝播、宿主が必要となります。種類*2としては、体表に寄生する外部寄生虫（ノミ・ダニ）と、体内に寄生する内部寄生虫（原虫類、蠕虫類）があります。一部の動物の寄生虫は、人にも感染します。光学顕微鏡で虫卵の観察ができます。

＊1 プリオンは除く。
＊2 衛生動物は除く。

参考文献：愛玩動物看護師カリキュラム準拠教科書第3巻動物感染症学

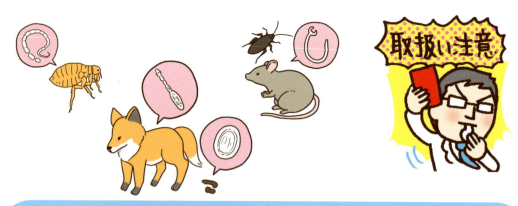

⚠️ **皮膚に異常がある犬をさわったら必ず手洗い**

　人獣共通感染症の皮膚糸状菌症や他の動物にうつる可能性のある病気にかかっている動物をさわったあとは、他の場所や動物をさわる前に、石鹸を用いた手洗いやアルコールによる手指の消毒をしましょう。とくに最近は常在菌であるブドウ球菌でさえも多剤耐性菌が報告されていますので、トリミングサロンやペットショップ内で蔓延しないために手洗いの習慣をつけましょう。

人や動物にうつる恐れのある病気

人と動物の共通感染症チェックシート

人と動物の共通感染症は、症状が多岐にわたるので、トリミングサロンやペットショップのスタッフでもわかりやすい症状別で分類しました。それぞれの病気の詳細は後述するページで犬と人の内容を対比しながら説明するので、そちらを確認してください。

症状別分類

犬の症状

皮膚の異常
- 皮膚糸状菌症　p.22へ

胃腸の異常
- 重症熱性血小板減少症候群（SFTS）　p.18へ
- レプトスピラ症　p.21へ
- 回虫症　p.22へ
- 鉤虫症　p.23へ
- 瓜実条虫症　p.23へ

尿の異常
- レプトスピラ症　p.21へ

その他
- 狂犬病　p.18へ
- ブルセラ症　p.20へ
- パスツレラ症　p.21へ
- エキノコックス症　p.24へ

人の症状

皮膚の異常
- 皮膚糸状菌症　p.22へ
- パスツレラ症　p.21へ
- 鉤虫症　p.23へ

胃腸の異常
- 重症熱性血小板減少症候群（SFTS）　p.18へ
- レプトスピラ症　p.21へ
- 回虫症　p.22へ
- 鉤虫症　p.23へ
- 瓜実条虫症　p.23へ

尿の異常
- レプトスピラ症　p.21へ

呼吸器の異常＊
- ブルセラ症　p.20へ
- レプトスピラ症　p.21へ
- パスツレラ症　p.21へ
- 回虫症　p.22へ

＊発熱による呼吸数の増加は除く。

その他
- 狂犬病　p.18へ

凡例
- ウイルス
- 細菌
- 真菌
- 寄生虫

ウイルスが原因となる人と動物の共通感染症

狂犬病

表2-1 狂犬病の原因・感染経路・症状など

	犬	人
病　　名	狂犬病	
原　　因	狂犬病リッサウイルス	
感染経路	狂犬病を発症した犬や野生動物に咬まれることで感染（ウイルスは唾液中）。	
主な症状	感染し神経症状が出たらほぼ100％死亡する。	
その他	現在の日本国内での発生はなく、狂犬病予防法により犬へのワクチン接種が義務となっている。	現在の日本国内での感染はないが、海外からの帰国者の感染例はある。

愛犬が他の犬に咬まれて狂犬病が心配

咬んだ犬が1年以内に狂犬病ワクチン接種している場合

　感染することはありません。ただし歯垢や歯石などのある歯周病の犬の場合は傷口から感染し、膿んでしまうことがあるのでひとまず傷口周辺を軽く圧迫して（少々痛いです）傷口内にある細菌を血と共に流し、消毒して病院を受診してください。

咬んだ犬が1年以内に狂犬病ワクチンを接種していない場合

　まずは上記と同じ対応をしてください。そして、咬んでしまった犬の飼い主さんにかかりつけの動物病院で狂犬病鑑定＊をうけてもらい、狂犬病ではない場合は証明してもらってください。
　海外では狂犬病の犬に咬まれた場合、発病予防目的にワクチンを接種します。

＊狂犬病鑑定とは2週間以上の観察を行い、感染していないか診察し、その後、感染がないと判断された場合は狂犬病ワクチンを接種すること。

重症熱性血小板減少症候群（SFTS）

表2-2 重症熱性血小板減少症候群の原因・感染経路・症状など

	犬	人
病　　名	重症熱性血小板減少症候群（SFTS）	
原　　因	重症熱性血小板減少症候群（SFTS）ウイルス	
感染経路	ウイルスに感染したマダニの吸血。	ウイルスに感染したマダニの吸血または犬との濃厚な接触。
主な症状	発熱、食欲低下、白血球減少、血小板減少、肝酵素上昇など。	発熱、食欲低下、吐き気、嘔吐、下痢、頭痛、筋肉痛、意識障害、けいれん、リンパ節腫脹、白血球減少、血小板減少、肝酵素上昇など。
その他	2017年に初めて犬での報告。滴下剤などでマダニ予防をすることが大切。山などに行く場合は、マダニのいそうな草むらなどに入らせないこと。	人から人への感染の危険性もある。

マダニの特徴と関係するその他の病気

犬に寄生するマダニは約10種類で、生息域は河川敷、公園などの草むら、野山、牧場など、とくにイノシシなど野生動物が出没する場所となります。写真2-1のように、吸血すると身体が大きくなります。SFTS以外には、表2-3のような病気に関係します。マダニが吸血することで起こる弊害は以下です。

写真2-1　フタトゲチマダニの発育と吸血前後（下部目盛:mm）
＜写真提供:森田達志先生（日本獣医生命科学大学）＞

直接的な弊害：吸血刺激によるアレルギーなどの皮膚症状や多数の吸血による貧血。
間接的な弊害：マダニが運んでくる病原体による感染症。こちらのほうが大きな問題。

表2-3　マダニが運んでくる感染症の種類

種類	原因	犬		人	
		病名	主な症状	病名	主な症状
寄生虫	バベシア	バベシア症	貧血、発熱、黄疸、血尿など。	バベシア症*	発熱、貧血など。
細菌	エーリキア	エールリヒア症	発熱、リンパ節腫脹、出血傾向、体重減少、白血球減少、血小板減少など。	エーリキア症*	発熱、頭痛、貧血、白血球減少、血小板減少など。
	ボレリア	ライム病	国内では症状が出ることはほとんどない。	ライム病	初期には紅斑、インフルエンザ様症状など。
	リケッチア・ジャポニカ	不明		日本紅斑熱	頭痛、発熱、発疹、倦怠感など。

＊犬に寄生する種類と違う種。

マダニはどうやって取ればいい？

p.19表2-3のように、マダニ（写真2-2、3）が運ぶ病原体（原因）がいるので素手でさわらず手袋を使用します。皮膚に食らいついていない場合はピンセットや粘着テープ、コームなどで取ります。皮膚に食らいついている場合（2日以上のことが多い）は、安易にピンセットなどでひっぱると口先が残ってしまい後で化膿することがあるので、手袋をして専用の道具やピンセットを使い、食らいついている口先ごと（一部皮膚も）摘出しなくてはなりません。手技として難しいので動物病院で摘出してもらいましょう。多数寄生している場合は、滴下式駆除薬などを使うほうが安全です。

写真2-2　マダニ

写真2-3　犬の皮膚に寄生したマダニの様子

細菌が原因となる人と動物の共通感染症

ブルセラ症

表2-4　ブルセラ症の原因・感染経路・症状など

	犬	人
病名	ブルセラ症	
原因	細菌名：*Brucella canis*	
感染経路	感染している犬との濃厚接触。	感染している動物の流産や死産した胎子や胎盤、血液との接触。加熱殺菌の不十分な牛乳やチーズを食すなど。
主な症状	雌犬の不妊、死産、流産。雄犬では無症状。	倦怠感、発熱などインフルエンザ様の症状など。
その他	感染した犬は繁殖をさけるために不妊手術をする必要がある。	ウシ、ヤギ、ブタにもブルセラ菌はある。届け出伝染病に区分されている。

パスツレラ症

表2-5 パスツレラ症の原因・感染経路・症状など

	犬	人
病　名	パスツレラ症	
原　因	犬の口の中や爪に常在しているパスツレラ菌	
感染経路	口や気道からの感染。	犬に咬まれたり、キスをしたりするなど直接的な過剰なスキンシップだけでなく、人の箸で犬に食べ物を与える間接的な経路でも感染。
主な症状	無症状。	発熱、咬まれた場合はその箇所の発赤・腫脹・化膿。気道から感染した場合は気管支炎や肺炎、まれに髄膜炎や食中毒症状などもある。
その他	犬の口腔内細菌には、他にカプノサイトファーガもある。	

レプトスピラ症

表2-6 レプトスピラ症の原因・感染経路・症状など

	犬	人
病　名	レプトスピラ症	ワイル病、秋疫
原　因	スピロヘータという細菌の一種のレプトスピラ	
感染経路	感染した野生動物（ネズミ）の排泄物のある川、水田、池、沼など。同居している犬が感染している場合に、尿などから感染。	感染した野生動物（ネズミ）の排泄物のある川、水田、池、沼など。同居している犬が感染している場合に、尿や体液などから感染。
主な症状	黄疸、元気・食欲の低下、発熱、嘔吐、腎臓の障害、重症だと死亡もある。	発熱、悪寒、頭痛、筋肉痛などのインフルエンザ様の症状、腹痛、目の充血、黄疸、腎炎、出血しやすいなど。
その他	同居している犬が感染している場合や症状のない感染後でも、長期にわたり尿などから排菌しているので注意。	

図2-1　レプトスピラの感染経路

真菌(カビ)が原因となる人と動物の共通感染症

皮膚糸状菌症

表2-7 皮膚糸状菌症の原因・感染経路・症状など

	犬	人
病　名	皮膚糸状菌症	
原　因	皮膚糸状菌（主にMicrosporum canis、皮膚小胞子菌ともいう）	
感染経路	感染した動物の抜け毛やフケ、菌の付着した布、ブラシ、クリッパー（バリカン）など。人の足白癬（水虫）が犬にうつることもある。	感染した動物の抜け毛やフケ、菌の付着した布、ブラシ、クリッパーなど。
主な症状	軽度なかゆみやフケ、毛の中に感染するため毛包がやられ脱毛する、脱毛部は丸く赤みがある（リングワーム）、病変部は顔や前足に多い。	紅斑性病変（リングワーム）、嚢胞性毛包炎など。
その他	とくに若い犬や免疫の低下した犬に多い。感染した動物との接触に注意し、施設内の環境を清潔に保つことで予防する（p.114～116参照）。	

寄生虫が原因となる人と動物の共通感染症

回虫症

表2-8 回虫類による疾患の原因・感染経路・症状など

	犬	人
病　名	回虫症	幼虫移行症、トキソカラ症
原　因	犬回虫または犬小回虫	
感染経路	感染した犬の糞便の中の虫卵。回虫の寄生した豚肉・鶏肉・牛肉またはネズミなどの野生動物を犬が食べた場合。感染した母犬から胎盤を介して胎児への感染（胎盤感染）や、母乳を介して感染。	砂場などの犬猫の糞便内の虫卵を誤って経口摂取。または、回虫の寄生したウシやニワトリの肝臓の生食や加熱が不十分な豚肉・鶏肉・牛肉の経口摂取。
主な症状	成虫が腸に寄生している場合、嘔吐や下痢、発育不良、お腹のはり、やせるなど。	咳（肺寄生）、腹部の不快感（肝臓寄生）、結膜炎（目に寄生）。
その他	子犬に多い。	近年は成人に多い。

図2-2　回虫の感染経路

鉤虫症

表2-9 鉤虫による疾患の原因・感染経路・症状など

	犬	人
病　　名	鉤虫症	皮膚幼虫移行症、皮膚爬行症
原　　因	犬鉤虫	
感染経路	皮膚（パット）や口腔粘膜への幼虫の侵入や経口感染。または感染している母犬の母乳や胎盤からの感染。感染した野生動物（ネズミ）やゴキブリの捕食による感染など。	幼虫が足裏などの皮膚から侵入し感染。
主な症状	消化管に寄生し貧血、下痢、粘血便。	かゆみや赤みを伴う皮膚炎。
その他	虫卵ではなく幼虫によって感染。	

図2-3　犬鉤虫の感染経路

瓜実条虫症

表2-10 瓜実条虫による疾患の原因・感染経路・症状など

	犬	人
病　　名	瓜実条虫症	瓜実条虫感染症
原　　因	瓜実条虫	
感染経路	瓜実条虫が感染したノミ（中間宿主）の経口感染。	犬との触れ合いによるノミの経口摂取。
主な症状	無症状が多いが、重症ではやせる、嘔吐、下痢など、子犬では重症化する。	報告は稀だが、6カ月齢以下の乳児に多く、下痢などがある。
その他	農村部は、別の条虫であるマンソン裂頭条虫（カエル、ヘビが中間宿主）が多く、都市部は瓜実条虫（ノミが中間宿主）が多い。	人は感染しても感染源にはならない。

図2-4　瓜実条虫の感染経路

エキノコックス症

表2-11 エキノコックスによる疾患の原因・感染経路・症状など

	犬	人
病　名	エキノコックス症	
原　因	エキノコックス	
感染経路	感染した野ネズミの捕食（キツネは終宿主なので、キツネから犬への直接感染はない）。	終宿主*のキツネや犬の糞便にいる虫卵を誤って経口摂取。
主な症状	無症状。	幼虫が増えて肝臓などの臓器が障害され、死亡することもある。
その他	北海道に多い。	人やブタが中間宿主。人から人への感染はない。

＊終宿主：卵から成虫まで成長する場所（中間宿主）ではなく、卵を産む場所（終宿主）。

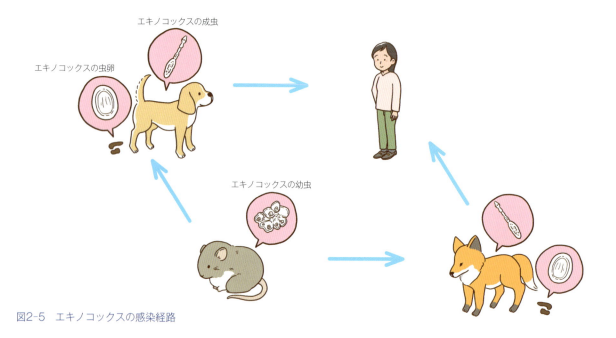

図2-5　エキノコックスの感染経路

その他の感染する恐れのある病気

その他の感染する恐れのある病気を以下に示します。

表2-12　その他の感染する恐れのある病気

分類	病気や原因の種類	人への主な感染経路	対処法
消化管内寄生虫	鞭虫症、マンソン裂頭条虫症など	主に感染動物の糞便（虫卵）。	感染動物のおしりのにおいを嗅がせないことや、糞をすぐに洗い流すこと。
外部寄生虫（皮膚）	疥癬、耳ヒゼンダニ症、ノミ、シラミなど	虫体の混入した感染動物の毛、フケや耳垢など。	被毛、フケ、耳垢などの徹底的な清浄。そのゴミはサロンやショップ内での感染を防止するため分別しておく。なかには人に一時的にうつるものもある。
ウイルス	犬ジステンパー、犬伝染性気管気管支炎、パルボウイルス、など	唾液などの飛沫感染や、尿や糞便などの経口感染。	迅速に次亜塩素酸系の消毒薬でケージや使った道具を消毒。さらにそれらの汚物を迅速に隔離して処理する。

Column

コミュニケーションのコツ PNPってなに？

　PNPとは何だと思いますか？
　このPNPは、「P：ポジティブ　N：ネガティブ　P：ポジティブ」という意味です。これはロールプレイングなどの臨床実習で、観察者が評価結果を参加者に返す（フィードバックする）ときに必要な話す順番のルールなのです。観察者の評価は、褒めるだけでなく批判もあるのでなかなか参加者が素直に受け取れない場合があります。そのため、最初に相手のよかった点を伝え、その後に改善すべき点を伝えるとスムーズに評価を伝えることができ、受け取る側も受け取りやすくなります。理想的には一番伝えたいネガティブなものを真ん中に挟み、前後にポジティブな意見を伝えるのが良いです。それが「P：ポジティブ、N：ネガティブ、P：ポジティブ」なのです。
　例えば、消極的で自分の意見をいわない参加者に対して、「P；あなたはまわりの意見を真剣に聞いていて、周囲の意見を理解しようと努力する姿勢はすばらしいです。N：ただ、批判を恐れず、もう少し自分の意見を相手に伝える努力をした方が良いですね。P：でも、会話というものはまずは相手を無条件に受け入れることが重要なので、相手の話を最後まできちんと聞く姿勢はすばらしいと思います」などと伝えると相手は素直にあなたの意見を聞いてくれるでしょう。
　日常会話や仕事場でも、相手に変わってほしいと考えるならこのPNPを実践してみてはいかがでしょうか。

参考文献：
1）小沼　守．フィードバック．In: ロジックで学ぶ獣医療面接，石原俊一監修，緑書房，東京，pp104－105, 2015.
2）小沼　守，前田　健，佐藤　宏．動物病院スタッフのための犬と猫の感染症ガイド．緑書房．東京．pp10－84, 2019.

memo

第3章

早期発見するための部位別病気の知識

1. 皮膚の病気 ····· p.28
2. 耳の病気 ····· p.52
3. 目の病気 ····· p.62
4. 鼻と口の病気 ····· p.72
5. おしり・お腹まわりの病気 ····· p.80
6. 足先・膝・腰まわりの病気 ····· p.90

皮膚の病気

皮膚のつくりと働き

犬が動物病院を受診する理由には、皮膚病がとても多いです。そのため、トリミング時に皮膚のトラブルを早期発見することは大変重要です。また皮膚病は、飼い主さんが気づいていなくても、トリミング時に早期発見しやすく、さらに皮膚の状態を適切に評価し、適切な対応ができればその症状を軽減させることができます。逆に不適切な対応をすれば症状を悪化させてしまうこともあるので、トリマーにとって皮膚の知識を深めることは大変重要です。よって他の項より詳しく皮膚の異常と注意点などを解説します。

● 皮膚の目的はバリア機能

皮膚は身体を外部から守る「バリア」ですが、犬の皮膚は被毛がバリアとなっているためか最外層の「表皮」は人と比べてとても薄く（図3-1-1参照）、外部からの刺激や侵入物の影響を受けやすいのです。このバリア機能（後述）が壊れたり弱くなったために皮膚病になることがあります。また、犬は人が汗を出すエクリン腺という汗腺は趾間以外にほとんどもたず、皮脂の分泌を促すアポクリン腺が全身（腋窩、鼠径部、腹部などを中心）にあることが特徴です。

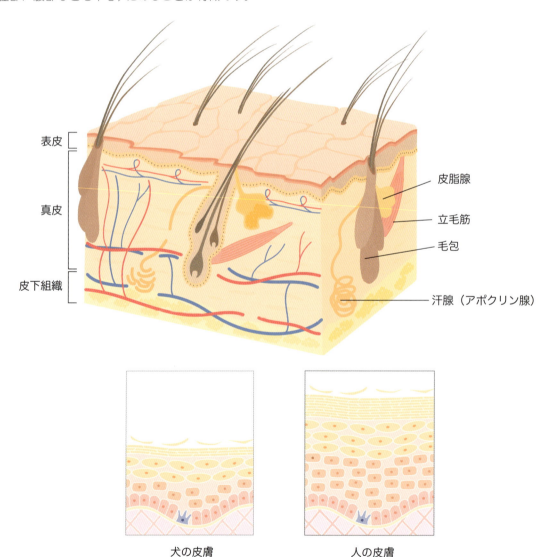

図3-1-1　皮膚の構造

皮膚の鉄壁な守り！皮膚バリア機能
（被毛・フケ・皮脂・細胞間物質・常在菌・免疫）

　皮膚は外環境にさらされている臓器で、刺激や病原体から身を守るためさまざまなバリア機能をもっています。皮膚の表面では被毛があることにより皮膚を直接光や熱、寄生虫から保護しており、フケと皮脂が重なり合った角層（フィラグリン）やその隙間を埋める細胞間脂質（セラミド、脂肪酸、コレステロール）、天然保湿因子（アミノ酸など）などで皮膚を乾燥や隙間からの外敵の侵入を防いでいます。また、皮膚の常在菌も他の病原体から皮膚への侵入を防いでいます。それらのバリアを逃れ侵入した細菌などは免疫反応により撃退されます。皮膚のバリア機能を損なう外的刺激も重要で、外的刺激には犬自身が舐める、噛むなどもありますが、シャンプーやブラッシング、クリッパー（バリカン）による外傷や、ドライヤーの熱による過剰な乾燥なども原因となります。

　このバリア機能が低下するとさまざまな病気になります。主な病気としては常在菌であるブドウ球菌（*Staphylococcus pseudintermedius*）が異常に繁殖してしまう膿皮症（のうひ）、アレルギーの原因であるアレルゲンが侵入することで発病するアレルギーの皮膚炎です。

除菌・除菌・除菌はやめましょう

　昔から知られているアレルギーの原因といわれる衛生仮説、ご存知でしょうか？　衛生仮説とは、現代社会が衛生的すぎるがために外的刺激に対して拒絶反応を起こしやすく、本来外敵と認識しないもの（例：花粉など）に対して過敏反応（アレルギー）をしてしまうという説です。

　この説は発表後、いったん否定されましたが、近年、再度肯定されたようです。その裏付けとして、動物を飼育している子どものほうが常に動物の毛やフケ、雑菌などを摂食しており、その影響でアレルギーになりにくいことが証明されました。どろんこ遊びをしていた時代のほうがよかった、なんて年長者がいっているのもまんざら間違っていません。どろんこ遊びをしたほうが、雑菌や環境抗原（花粉など）を体内に入れることで常に免疫バランスを保つことができ、必要のない過敏反応も起こしにくくなるからです。よって現代社会の過剰な除菌はやめる必要があるかもしれません。

　また、おまけですが、ウォシュレットの使いすぎには要注意という声もあります。若者は一人暮らしするにも、ウォシュレットのあるアパートを探すそうですが、肛門をあまり洗いすぎると肛門周囲の正常細菌叢（さいきんそう）が壊れ、雑菌を除菌するシステムが破綻し、肛門が感染症になりやすくなったり（くさくなる）、下痢をしやすくなったりすることもあります。「過ぎたるは猶及ばざるが如し（なおおよごと）」、何事もやりすぎはよくないということでしょう。

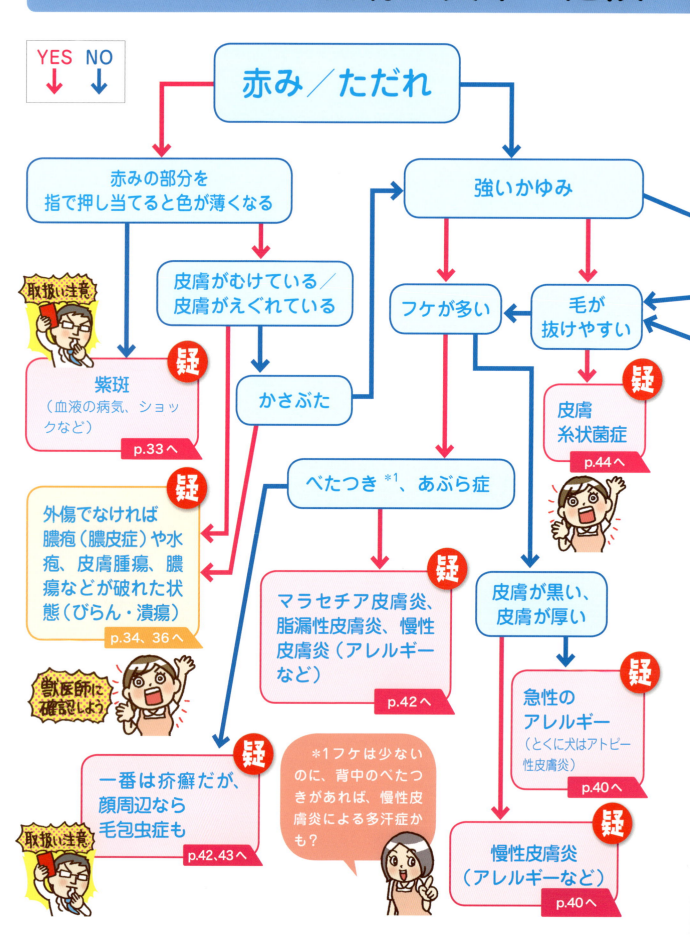

度確認チャート

異常チェック項目

- □ 赤み／ただれ
- □ できもの／腫れもの
- □ 脱毛
- □ かゆみ
- □ フケが多い
- □ 皮膚がむけている／皮膚がえぐれている
- □ べたつき、あぶら症
- □ かさぶた
- □ 皮膚が黒い／皮膚が厚い

脱毛 → 広範囲

疑 ホルモンに関係する病気、トリミング後のトラブルに多い脱毛する病気など
p.47へ

できもの／腫れもの → 大きさが1cm以上 → 硬いイボ

疑 ブツブツなら膿皮症、アレルギー、やけどなど（丘疹、膿疱、水疱など）
p.40、41へ

疑 腫瘍、膿瘍*2（指の股ならせつ腫もある）

*2 腫瘍には皮膚（表皮、真皮）だけでなく、皮膚の中（脂肪などの皮下組織、筋肉、骨など）に由来したものもある。

アレルギー
（目、足の甲、肘、内股なら犬アトピー性皮膚炎。背中、肛門、指の間なら食物アレルギー。中高齢で腰や背中ならノミアレルギー。口周辺だけなら接触性アレルギー*3）
p.40へ

*3 混合例もある。

早期発見するための部位別病気の知識

皮膚の異常を見つけるための流れと種類

1 コーミングチェック

　全身の体調チェックが終わったら、できものがあると皮膚を傷めるため、確かめながら、コームやスリッカーで掻き取るようにして老廃物を取り除く作業のコーミング*を行います。ただし、被毛の汚れが強く毛玉も多い場合はコーミングせずにいきなりシャンプーをしたほうがよい場合もあります。

　コーミングの際に、毛がどんどん抜ける、フケがたくさん取れる（または落ちる）、被毛をきれいにしていたら皮膚に何かが見えた、などということがあるかもしれないので焦らずにチェックしていきましょう。

　また、細かいノミ取り櫛（コーム）で全身をとかすことによりノミ（成虫だけでなく糞も探す）やマダニがいないかもチェックします。ノミやマダニがいたら皮膚炎の原因になるだけでなく他の犬にうつしてしまうので、みつけたら隔離またはノミやマダニが広がらないように対応する必要があります。なお、ノミ・マダニの体内には感染症の原因となる菌などがいる場合があるので、犬の身体の上や素手でつぶしてはいけません。

*レイキングといわれることがあるが、アンダーコート（下毛）をナイフなどで取り去る作業だといわれることもあるため、本項ではコーミングとした。

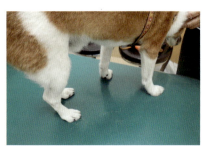
写真3-1-1　犬の足と足の間に多くのフケがある

写真3-1-2　コームで集めた毛にもフケが見られる

写真3-1-3　ノミの糞（濡らすと溶ける）

2 はじまりの異常か、続いてできた異常なのかを見極める！

　皮膚の異常には、「はじまりの皮膚の異常（原発疹）」と、二次感染や慢性経過によっておこる「続いてできた皮膚の異常（続発疹）」の2種類があります。それがわかれば初期の状態なのか、時間が経過しているのかもわかりますし、飼い主さんへ早期の動物病院受診が勧められ、治りも早くなります。以下にその見極めのポイントと、すぐに対処の必要な続発疹も具体例を挙げて解説します。

はじまりの皮膚の異常（原発疹）

　はじまりの皮膚の異常（原発疹）の主なものは、「赤み／ただれ」、「できもの／腫れもの」、「脱毛」があります。また、皮膚に異常はなくても、かゆみが先行する場合もあるので「かゆみ」も本項で解説します。専門用語は（　）内に示します。

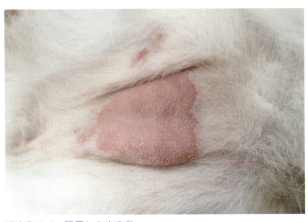
写真3-1-4　限局した赤み①

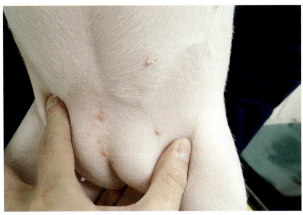
写真3-1-5　限局した赤み②

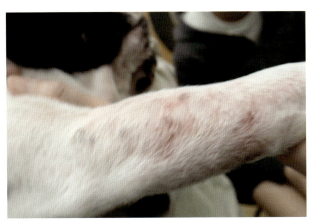
写真3-1-6　赤みとただれ

写真3-1-7　広範囲の赤み

強い赤みやただれが複数箇所にある場合　注意

複数箇所に皮膚の異常がある場合は注意が必要です。とくに赤みやただれが多い場合は、シャンプーやドライヤーの熱により炎症が悪化し、かゆみもひどくなることがあるのでトリミングをする前に獣医師に相談するか、できるだけ熱を与えないように注意してください（第4章参照）。

危険　紫斑(しはん)という赤み

皮膚が赤くなることを赤み(紅斑(こうはん))といいますが、同じ赤みでも紫色から黒っぽい色に見える皮膚の異常があります。これは「紫斑」といって、内出血やアザのひどいものです。赤みと紫斑との区別は、スライドグラスを押し当てて赤みがひけたら「赤み」で、赤いままなら「紫斑」となります。スライドグラスがない場合は、指で押し当ててみるとある程度は評価できます。紫斑は血が止まりにくくなる病気や、血液が壊される病気、ショック状態などで見られる大変危険なサインです。紫斑を発見したらすぐにトリミング中止を検討し、飼い主さんに動物病院への受診を勧めてください。

写真3-1-8　紫斑

写真3-1-9　紫斑はスライドグラスを押し当てても赤みがひかない

できもの／腫れもの（丘疹、膿疱、水疱、結節、腫瘤）

　できもの／腫れものといってもさまざまです。できもの／腫れものはいずれも皮膚が盛り上がったものです。詳細に分類すると、寄生虫などに刺されて盛り上がった部位で1cm以下のものを「丘疹」といいますが、1cm以下のもので、細菌感染がみられる膿のたまったものを「膿疱」、ウイルス感染ややけどの後にできることの多い水がたまったものを「水疱」と分類します。また、1～3cmほどのものを「結節」、膿瘍（膿がたまったもの）や腫瘍（良性、悪性含む）などで3cm以上の盛り上がったものを「腫瘤」といいます（図3-1-2 参照）。

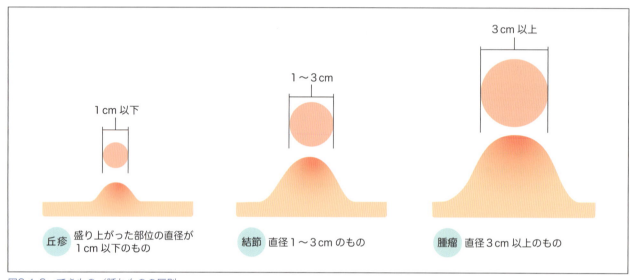

図3-1-2　できもの／腫れものの区別

　大きなできもの／腫れものがあると安易に腫瘍といってしまうことがあります。しかし、炎症や感染で腫れているもの（結節、膿瘍）か腫瘍かはまだわかっていません。いきなり腫瘍（良性、悪性）だといわれると飼い主さんはびっくりしてしまうので、そのときは、塊という意味の「腫瘤（しこり、できものでも可）」という言葉を使いましょう。

写真3-1-10　丘疹

写真3-1-11　水疱

写真3-1-12　皮膚結節

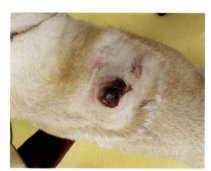

写真3-1-13　背中に大きな腫瘤がある

脱毛

かゆみのある脱毛とかゆみのない脱毛があり、犬自身が噛むことで脱毛するものは続発疹に分類されます。かゆみのある脱毛には程度の差はありますが、アレルギーや疥癬などの寄生虫感染症、皮膚糸状菌症や膿皮症などの感染症があり、かゆみのない脱毛には毛刈り（剃毛）後脱毛症、毛周期停止症（脱毛症X）、ホルモンに関係する病気、牽引性脱毛症、脂肪織炎（写真3-1-17）を含めた物理的刺激などがあります（p.47、48参照）。とくに「はじまりの皮膚の異常（原発疹）」に分類されるかゆみがない脱毛には、全身疾患が関係することも少なからずあり、なかなか治らない病気が多いです。

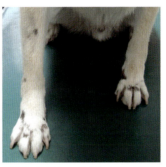
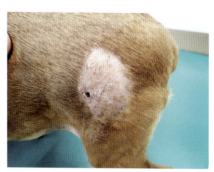

写真3-1-14　脱毛の様子（白い毛）　　写真3-1-15　脱毛の様子（黒い毛）　　写真3-1-16　アトピー性皮膚炎の脱毛　　写真3-1-17　脂肪織炎

被毛のトラブルとは？

脱毛以外の被毛のトラブルには、被毛が細くなる、抜けやすい、パサパサやゴワゴワして艶がない、短くなるなどがあります。被毛が細く抜けやすくなるのは毛根の障害ですが、とくにカビ（皮膚糸状菌）に感染すると一度にぼそっと大量に抜けやすくなります。艶がなくなるのは、脱水など全身状態の悪化か皮膚に必要な栄養の不足などです。被毛が短いのはかゆみなどで犬が噛んで短くしているか、何らかの刺激によって被毛をこすっていることが考えられます。

かゆみ

アレルギーの多くは「はじまりの皮膚の異常（原発疹）」が出る前にかゆみがでます。かゆみにより犬が皮膚を噛んだり、引っかいたり、舐めたりかじったりして赤くなる、ブツブツ（細菌感染）、脱毛するといった「はじまりの皮膚の異常（原発疹）」が出ます。さらにかゆみがひどくなると皮膚がはがれたり、かさぶた、皮膚が厚くなるなどの続発疹も出ます。「はじまりの皮膚の異常（原発疹）」でかゆみのよく出る部位は、足の甲、肘、目や口のまわり、指の股、耳、内股、肛門などです。

「湿疹」は皮膚のただれ、「皮疹」は皮膚の異常全般を意味する用語です。

皮膚病の早期発見はすばらしい

「はじまりの皮膚の異常（原発疹）」が出ているときに発見できれば獣医師は「これは〇〇です」と診断しやすいのですが、「続いてできた皮膚の異常（続発疹）」だと複雑にからみ合い、診断や治療に苦慮することが多いので、トリミングで早期発見ができれば飼い主さんや獣医師に感謝されるかもしれません。

続いてできた皮膚の異常（続発疹）

「はじまりの皮膚の異常（原発疹）」に続いてできた皮膚の異常のことを続発疹といいますが、二次感染や慢性経過によってさまざまな状態が見られます。詳しくは以下に解説します。

フケ（鱗屑）

フケ（鱗屑）とは皮膚表面の細胞が死んで剥がれ落ちたもので、「続いてできた皮膚の異常（続発疹）」の中で最も多いです。寄生虫や感染症などの皮膚病になると古い角質が剥がれ落ちて新しい角質になる期間が早まるため、過剰に古い角質が剥がれ落ちます（落屑）。つまり、フケが多い場合は赤みがなくても何らかの皮膚病かもしれないと疑ってください。ただし、ブラッシングやシャンプーのしすぎなどによる刺激や乾燥からフケが多くなることもあるので注意が必要です。

写真3-1-18　皮膚に張り付いているフケ

写真3-1-19　黒色系の被毛はフケが目立つ

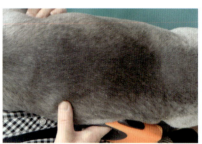
写真3-1-20　全体に見られるフケ

皮膚がむけている／えぐれている（びらん・潰瘍）

皮膚がむけていたり（びらん）、えぐれていたり（潰瘍）する状態。原因は、かゆみやケガなどによる外傷、皮膚の中にたまったものがはじけたもの（膿疱、水疱、膿瘍、角質系の腫瘍など）、腫瘍（扁平上皮癌、組織球腫、肥満細胞腫など）があります。

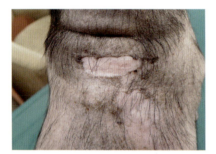
写真3-1-21　びらん

写真3-1-22　びらん・潰瘍

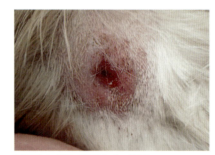
写真3-1-23　潰瘍および腫瘍

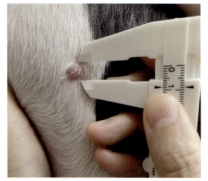
写真3-1-24　組織球腫

写真3-1-25　外傷による離開

写真3-1-26　重度のびらん・潰瘍

べたつき（皮脂の過剰）とあぶら症（脂漏症）

　皮膚の表面にベタベタ、あるいはジュクジュクしたものが出てくることで皮膚がべたつきます。この状態は、びらんや潰瘍のあった部位でおこることもありますが、皮脂が過剰に分泌することでもおきます。

　体質以外で身体のべたつきがあり、体臭が強い場合は皮脂の過剰分泌だけではなく、マラセチア皮膚炎（脂漏性皮膚炎または脂漏症）という「あぶら症」かもしれません。この皮膚病は、皮膚に元々ある酵母様真菌のマラセチアが皮脂を栄養源として過剰に増え、ベタベタで油くさい悪臭（香ばしいと表現されることもあります）のある皮膚炎をおこします。

　また、アレルギーが関与していることも多いです。あぶら症の好発犬種は、シー・ズー、ウエスト・ハイランド・ホワイト・テリア、アメリカン・コッカー・スパニエル、フレンチ・ブルドッグなどです。これらは高温多湿の夏に悪化し、治療にはシャンプーを中心としたスキンケアが必要です。

　さらに、犬は汗をかかないのに、汗をかいていたらその多くは慢性の皮膚炎に続発し、頭部から背中にかけて鉄のような金属っぽいくさい汗が皮脂腺（アポクリン腺）から分泌される多汗症が疑われます。多汗症の好発品種はワイヤー・フォックス・テリアやヨークシャー・テリアなどです。

短頭（吻）種、しわの多い犬種の特徴

　短頭（吻）種のシー・ズー、フレンチ・ブルドッグ、パグ（写真3-1-27参照）などにはアレルギーが多いです。解剖学的な構造として皮膚にしわが多く、そのしわの部分はこすれたり、皮脂や汗が出やすいといったアレルギーを悪化させる要因もあるので、とくにしわの多い顔、足、尾のまわりなどはトリミングの際にはスキンケアをしっかりする必要があります。

写真3-1-27 顔にしわの多いパグ

危険 ⚠️ 「むけている／えぐれている＋べたつき」または「皮膚が裂けた、切れた」

　皮膚が「むけている／えぐれている」または「簡単に皮膚が裂けた、切れた」があったら危険なサイン。すぐにトリミングを中止し、必ず動物病院の受診を勧めましょう。例えば、写真3-1-28、29の犬は薬による中毒性表皮壊死症という病気でやけどのように全身の皮膚がむけて、分泌物が出ることによりべたつき、その分泌物が固まったかさぶたなどが認められます。

　また写真3-1-30の犬は、エーラス・ダンロス症候群（Ehlers-Danlos Syndrome; EDS）という病気の犬で、普通にクリッパーやコームを入れただけで皮膚が裂けてしまいます。原因は、膠原繊維を構成するコラーゲン蛋白の形成異常により、皮膚が異常に伸び、裂けやすいなど先天的な病気です。トリマーが悪いわけではないのにトラブルになりやすい怖い病気です。

参考文献：村上彬祥, 石田智子, 奥山愛友, 近藤広孝, 小沼 守. 経口セラミド製剤を使用した犬の1例. 獣医臨床皮膚科 30 (1): 19-21, 2024.

写真3-1-28 分泌物のべたつき

写真3-1-29 分泌物が固まったかさぶた

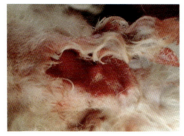
写真3-1-30 トリミングで離開した皮膚

かさぶた（痂皮）

　かさぶた（痂皮）は、膿疱や水疱がつぶれた際に出た物質や、びらんや潰瘍が発生した後にジュクジュクしたものが固まったときに見られます。また、ブドウ球菌の感染症（膿皮症）でも感染した皮膚の周囲にかさぶた（痂皮）がつくこともあります（写真3-1-32参照）。さらに膿瘍や腫瘍が隠れていることもあるので、できものがないか注意深く確認してください。

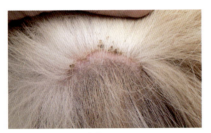 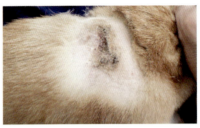 

写真3-1-31　表皮小環　　　　写真3-1-32　背中にできたかさぶた（痂皮）　　　　写真3-1-33　足先の毛に隠れたかさぶた（痂皮）

皮膚が黒い（色素沈着）

　皮膚は慢性的な炎症で赤くなった後、シミのように黒くなります。これを色素沈着といいます。ただし炎症がない場合でも脱毛する病気で皮膚が黒くなることもあります。また、毛包虫症（ニキビダニ症）でも皮膚（毛包）が黒くなることがあります。

  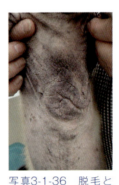 

写真3-1-34　炎症の中心に色素沈着がある　　写真3-1-35　色素沈着が全体にある　　写真3-1-36　脱毛と色素沈着がある　　写真3-1-37　毛包虫症による毛包の黒色化により皮膚が黒い

皮膚が厚い（肥厚・苔癬化）

　皮膚に慢性的に炎症が続いていると皮膚がだんだん厚くなってくることがあります。重度の慢性皮膚炎の犬では「皮膚が黒い」に加え「皮膚が厚い」が同時におこり、皮膚が盛り上がって溝ができ、象の皮膚のようになります（苔癬化）。

写真3-1-38　苔癬化した皮膚

皮膚の異常を見つけたら種類と場所をメモしておく

　トリミング時にこれらの皮膚の異常を見つけたら、トリミング後に飼い主さんに伝えましょう。できれば異常の種類と場所を書いたメモ（写真入りだとさらによい）を渡せると、動物病院でスムーズな診療ができるので、飼い主さんにも感謝され、信頼度もUPするかもしれません。

主な皮膚の病気

皮膚の病気はさまざまですが、主にアレルギー、感染症、脱毛するものの3つに大別されます。

表3-1-1 主な皮膚の病気

分類		病名	原因	特徴
アレルギー		犬アトピー性皮膚炎 p.40	各アレルゲン*に遺伝的に反応する	・環境中のアレルゲン（屋内：イエダニ、カビ。屋外：スギ、ブタクサなど）が原因。3歳齢未満からはじまり季節性のかゆみがある皮膚炎。
		食物アレルギー p.40		・食物が原因。1歳齢未満からはじまり、1年中かゆみが出る皮膚炎。軟便があることも多い。
		ノミアレルギー p.40		・ノミの糞や唾液との接触が原因、中高齢からはじまる、主に腰の後ろ側にかゆみが出る皮膚炎。
		接触アレルギー p.40		・プラスチックのお皿やゴム製品などのおもちゃ、首輪などとの接触によりかゆみや脱毛が出る皮膚炎。
感染症	細菌	膿皮症 p.41	ブドウ球菌	・皮膚のバリア機能低下により、皮膚の常在菌であるブドウ球菌が悪さをして湿疹をつくる病気。
	真菌	マラセチア皮膚炎 p.42	マラセチアという酵母様真菌	・皮膚の常在菌で、皮脂を利用して生活するマラセチアが過剰に増殖したり、増殖はしていないがマラセチアに対するアレルギーが原因で皮膚炎をおこす病気。皮膚はベタベタしたあぶら症である。かゆみが出る。
		皮膚糸状菌症 p.44	主に Microsporum canis	・皮膚ではなく毛の中に感染するため、損傷し毛が根っこから簡単に抜けやすいのが特徴。かゆみは軽度で、主に脱毛になる。とくに免疫力の低い子犬に多い病気。人にもうつる人獣共通感染症。
	寄生虫	毛包虫症（ニキビダニ症） p.42	毛包虫（ニキビダニ）	・元々毛穴にあるフケを食べて生活しているニキビダニ（毛包虫）と呼ばれるダニを皮膚にもち、それが何らかの免疫力の低下によって過剰に増えてしまい皮膚炎をおこす病気。
		疥癬 p.43	疥癬虫（センコウヒゼンダニ）	・感染力の強い病気で、疥癬虫の寄生数は少ないが、アレルギーのように症状を呈するタイプ（通常疥癬）と、若い犬や抵抗力が下がった犬に多く、疥癬虫の寄生により重度な痂皮を形成するタイプ（角化型疥癬）がある。非常に強いかゆみが出る。
脱毛するもの		毛刈り（剃毛）後脱毛症 p.47	不明	・頭と四肢以外のトリミングでカットした部分の被毛が伸びてこない病気。
		毛周期停止症（脱毛症X） p.47		・ポメラニアンやスピッツなどでトリミングに関係なく脱毛する病気。
		甲状腺機能低下症 p.47	甲状腺ホルモンの不足	・甲状腺ホルモンの不足により発毛のサイクルが破綻し毛が生えなくなる病気。脱毛以外の発症では太る、顔が腫れる、おっとりするなどがある。
		牽引性脱毛症 p.48	リボンやゴム	・被毛に付けたリボンやゴムにより毛が牽引され、血のめぐりが悪くなり脱毛する病気。
		副腎皮質機能亢進症（クッシング症候群） p.47	副腎皮質ホルモンの過剰	・副腎皮質ホルモンの過剰によって発毛のサイクルが破綻し、毛が生えなくなる病気。脱毛以外の発症ではお腹がふくれる、皮膚が薄い、喉が渇く症状がある。

＊アレルゲン：アレルギーの原因となるもの。

Step up! ちょっと深読みコーナー
~注意したい病気や症状~

アレルギー
身体を守るための過敏反応

原因 アレルギー（反応）とは、原因となる物質（アレルゲン）が身体に侵入したときに、身体を守るべき免疫反応としてそれらを外敵とみなし、過剰に攻撃してしまうこと（過敏反応）をいいます。この反応には遺伝的要因が強く関与しており、例えば犬アトピー性皮膚炎は体質＊として乾燥肌であることが知られ、その乾燥肌というのは皮膚のバリア機能が弱いという特性であり、その弱さのためにアレルゲンが侵入しやすくなるのです。ただし、バリア機能が弱い体質はあくまでもアレルギーを引きおこす原因のひとつで、その他食事を含めた環境要因、免疫などが関係します。

分類 アレルギーといってもさまざまな皮膚炎があります。皮膚の異常をおこすものに、主に環境中のアレルゲン（屋内：イエダニ、カビ。屋外：スギ、ブタクサなど）が原因で3歳齢未満からはじまる季節性のかゆみが出る「犬アトピー性皮膚炎」（診断基準は表3-1-2参照）、食物が原因で1歳齢未満からはじまり、1年中（通年性）かゆみが出る「食物アレルギー（性皮膚炎）」（軟便も併発）、ノミの接触が原因で中高齢からはじまり主に腰の後ろ側にかゆみが出る「ノミアレルギー（性皮膚炎）」、プラスチックのお皿やゴム製品などのおもちゃ、首輪などとの接触が原因でかゆみが出る「接触アレルギー（性皮膚炎）」などがあります。アレルギーの診断の難しいところは、これらと二次感染などが複雑にからみ合っていることが多いことです。

主な症状は、初めの皮膚の異常が出る前にかゆみがあることです。悪くなりやすい部位は、犬アトピー性皮膚炎では目のまわり、耳、足の甲、脇の下、内股など（写真3-1-39、40参照）ですが、食物アレルギーだと口のまわり、指の股（趾間）、耳、肛門、背中など（写真3-1-41、42参照）、ノミアレルギーは腰の後ろ側（写真3-1-43参照）、接触性アレルギーは口のまわり、首輪のまわり（写真3-1-44参照）などです。

治療 原因となるアレルゲンを除去しますが、ステロイド剤などの免疫抑制剤などの投薬が必要になることも多いです。また、スキンケアとしてセラミドまたはフィトスフィンゴシン、セラキュート、オメガ6脂肪酸、コロイドオートミールなどの保湿成分配合の薬用シャンプーを用いたシャンプー療法、外用薬（プレ／プロバイオティクスなどのサプリメント）なども使用します。

＊アレルギー性皮膚炎の分類は複雑なため、本項では獣医学としては不適切ですが、アレルギーが原因である皮膚炎全般を「アレルギー」としている。

好発犬種：柴、ウエスト・ハイランド・ホワイトテリア、ラブラドール・レトリーバー、ゴールデン・レトリーバー、キャバリア・キング・チャールズ・スパニエル、ダックスフンド、プードル、チワワ、シー・ズー、フレンチ・ブルドッグ、パグなど

写真3-1-39 アトピー性皮膚炎

写真3-1-42 アレルギーによる趾間炎

写真3-1-40 アレルギー性皮膚炎による口周囲の炎症

写真3-1-43 ノミアレルギー

写真3-1-44 接触アレルギーのゴールデン・レトリーバーの頸部

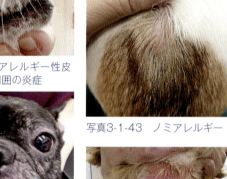

写真3-1-41 食物アレルギーの顔部分（A）、頸部（B）、肢端（C）

表3-1-2

犬アトピー性皮膚炎の診断基準（Favrotの診断基準）
①3歳齢以下の発症（食物アレルギーは1歳齢以下の発症、ノミアレルギー性皮膚炎は中高年齢以降の発症）
②ほぼ室内飼育
③グルココルチコイド反応性の掻痒（食物アレルギーは反応が弱い）
④発症（初発）時に掻痒の徴候
⑤前肢の皮疹
⑥耳介の皮疹
⑦耳輪部に病変がない（耳縁の脱毛など）
⑧腰背部に皮疹がない（あればノミアレルギー性皮膚炎か食物アレルギー疑い）

※犬アトピー性皮膚炎を発現させる体質を「アトピー」という。つまり皮膚炎があるのに「この犬はアトピーですね」、というのは間違いで、皮膚の異常がある場合は犬アトピー性皮膚炎となる。

細菌やウイルス、寄生虫の感染体からおこる病気

感染症

感染症とは細菌（ブドウ球菌）やウイルス（皮膚病では犬ジステンパーなど）、真菌［うつる皮膚糸状菌、うつらない酵母様真菌（マラセチア）］、寄生虫［ノミ、疥癬虫（ヒゼンダニ）、ニキビダニ、マダニなど］などの感染体によっておこる病気です。犬で見られる感染症には、元々だれもがもっているものが悪さをした「身体から出た感染症」（内因性）と、外界から感染したものが悪さをする「もらった感染症」（外因性）の2つがあります。

身体から出た感染症（内因性） 膿皮症（主にブドウ球菌）、マラセチア皮膚炎（脂漏症とも呼ばれる、アレルギーもあり）、毛包虫症（別名：ニキビダニ症）

もらった感染症（外因性） 疥癬、ノミによる皮膚炎（ノミアレルギー、ノミ刺咬症）、皮膚糸状菌症（うつるカビ）

「身体から出た感染症」は子犬では、不衛生な環境や栄養管理の不備が原因のことが多いです。中高齢では、個体の免疫力や抵抗力の低下が原因となるので、何らかの病気が隠れていないか確認が必要です。飼い主さんに、最近の体調や病気の既往歴なども聞いておきましょう。

皮膚にいるブドウ球菌などが増えすぎた状態

身体から出た感染症 膿皮症
※一部「もらった感染症」もある

原因 皮膚に元々いる細菌（主にブドウ球菌：*Staphylococcus pseudintermedius*）が、何らかの理由でバリア機能（p.29参照）が壊れて増えてしまい皮膚に異常をおこす病気です。人にはうつりませんが、犬ではとくに多剤耐性のブドウ球菌という強い菌はうつることがあるので、他の犬にうつらないよう配慮する必要があります。

症状 皮膚の異常は、ブツブツや小さいできもの（毛穴と一致した丘疹や膿疱：写真3-1-45、46参照）、脱毛、フケ、かさぶたなどです。その他に毛の長い犬種で多く見られる表皮小環（写真3-1-47参照）と呼ばれる特徴的な皮膚の異常があり、それは輪を描くようにただれ、その輪の周囲には黄色っぽいフケやかさぶたがつきます。毛の短い犬種では毛穴と一致したブツブツや小さいできもの（膿疱、丘疹）が多いです。

治療 バリア機能の破綻の原因となる病気をきちんとコントロールすることが重要ですが、季節性があればその時期に抗菌シャンプー（クロルヘキシジン）や、毛穴の洗浄作用のあるシャンプー（過酸化ベンゾイル）、抗菌および脱脂作用のある乳酸エチルシャンプーなどでスキンケアを強化することも重要です。

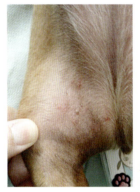
写真3-1-45　ブツブツした状態の丘疹、膿疱①

写真3-1-46　ブツブツした状態の丘疹、膿疱②

写真3-1-47　表皮小環

丘疹　　　　　膿疱　　　　　表皮小環

図3-1-3　丘疹、膿疱、表皮小環の断面図

マラセチア皮膚炎
酵母菌が原因でアレルギーもある

身体から出た感染症

原因 マラセチア（*Malassezia pachydermatis*）は、動物の皮膚や外耳道表面に常在する酵母様真菌で、顕微鏡ではボーリングのピンやピーナツ状の菌体として見えます（写真3-1-48参照）。マラセチアは皮膚の表面にあり、ベタベタな皮膚の場合、皮脂を食べて過剰に増えて皮膚炎をおこしますが、過剰に増えていなくてもアレルギーをおこして皮膚が異常になることがあります。人のフケ症もマラセチアが関与していることがありますが、人にはうつらず、犬にもうつりません。

症状 とくに顔のしわ、お腹、脇の下、指の股（趾間）、お尻などに強いかゆみ、赤み、慢性化すると黒く（色素沈着：写真3-1-49参照）なったり、皮膚が厚く（苔癬化：写真3-1-50参照）なったりします。

治療 膿皮症同様、原因となる病気をきちんとコントロールすることはもちろんのこと、マラセチアの餌となる皮脂をあぶら落とし（抗脂漏）シャンプー（二硫化セレン、過酸化ベンゾイルなど）や、マラセチア自体をたたく抗真菌薬や抗真菌シャンプーなどで落とすことも必要です。

好発犬種：シー・ズー、ウエスト・ハイランド・ホワイト・テリア、アメリカン・コッカー・スパニエル、その他の短吻種など

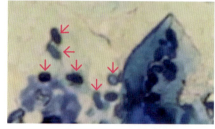
写真3-1-48 マラセチア

写真3-1-49 脂漏症

写真3-1-50 皮膚が象の皮膚のように厚くなっている（苔癬化）

毛包虫症（ニキビダニ症）
ニキビダニの寄生

身体から出た感染症

原因 すべての哺乳類には元々毛穴に住んでいて、フケを食べて生活しているニキビダニ（毛包虫：写真3-1-51、52参照）と呼ばれるダニがいます。そのダニが、何らかの免疫力の低下（若齢に多いが、中高齢の場合は基礎疾患がある可能性が高いので注意）などにより過剰に増えてしまい皮膚に異常をおこす病気です。ニキビダニは、母犬から母乳をもらったときに口にうつって感染しますが、他の犬や人にはうつりません。

症状 毛穴にいる虫なので毛穴に一致した皮膚の異常として、脱毛（斑）やむらのある赤み（紅斑）、黒いブツブツ（色素斑：写真3-1-37参照）、しこり（膿疱、結節）などが、頭や顎（写真3-1-53参照）、足先（写真3-1-54参照）、または背中（重度の鱗屑）などに左右対称に出ることがあります。重度の感染になるとフケが多くなったり、かゆみが出たりします。

治療 治療は駆虫薬と薬用シャンプーを用います。薬用シャンプーとしては毛包洗浄作用のある硫黄サリチル酸や過酸化ベンゾイルが有効です。しかし、免疫力の低下の原因となる皮膚病以外の病気があればその治療も必要です。

写真3-1-51 ニキビダニ（弱拡大像）

写真3-1-52 ニキビダニ（強拡大像）

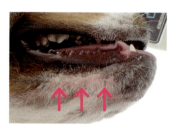
写真3-1-53 毛包虫症による皮膚症状

写真3-1-54 毛包虫症による後肢の脱毛

もらった感染症（外因性）は、言葉通り散歩やドッグラン、ペットホテルやトリミングなど不特定多数の動物が出入りする場所や、同居動物や野良猫などの感染している動物から直接または間接的（環境）にもらった（うつった）ものです。心当たりがないか（そのような場所に行かなかったか、または、感染症の動物がいなかったか）、飼い主さんに聞きましょう。

もらった感染症 疥癬（かいせん）

センコウヒゼンダニの寄生

原因 疥癬虫（センコウヒゼンダニ）が原因の感染力の強い病気で、トリミングで最もうつることの多い病気です。疥癬にかかった犬や野生動物（タヌキ、ハクビシン）などとの接触でうつります。感染するとセンコウヒゼンダニは皮膚にトンネルを掘ってその中で生活します。症状は、肘、踵（かかと）、耳、太もも（大腿部）などに非常に強いかゆみ（皮膚病で最も強い）とフケ（写真3-1-55参照）、脱毛が見られ、引っかくことで傷をつくることもあり、重度の場合はかさぶた（痂皮）を形成することもあります。強いかゆみを評価するため、「耳介－後肢反射」という検査をします。この反射は、耳の辺りをさわると、かこうとして足が反射的に動くかどうかを試す検査で、疥癬など強いかゆみがあるかどうかを判断するときに用います。

分類 疥癬には2つのタイプがあります。1つ目は、疥癬虫（ヒゼンダニ：写真3-1-56参照）の寄生数自体は少なくても、アレルギー様に症状を呈するタイプ（通常疥癬）。2つ目は、若い犬や抵抗力が下がった犬に多く、疥癬虫（センコウヒゼンダニ）の寄生によって重度なかさぶたを形成するタイプ（角化型疥癬）があります。寄生数の少ない通常疥癬は検出できないことも多く、アレルギーと誤診されている場合があるので注意が必要です。よって重度なかゆみがある犬の場合で全身にフケやブツブツなどの皮膚の異常がある犬はトリミングの中止を検討する必要があります。

治療 治療は滴下式または注射タイプの駆除薬を用いますが、治療の一貫としてシャンプー療法をする場合は、硫黄（サルファ）サリチル酸がフケと一緒にダニも落としてくれるので有効です。

犬のセンコウヒゼンダニは人にも一時寄生をすることがあるので、トリミングサロン内に万が一疥癬に感染した犬が入ってしまったら、犬はもちろん、人への感染にも注意を払う必要があります。疥癬の犬がいたケージやシンク、使った道具はもちろんのこと、使った通路や待合室なども徹底的にフケを取り除く掃除をして消毒をする必要があります。また、感染した犬に同居動物がいればその配慮も忘れないようにしましょう。

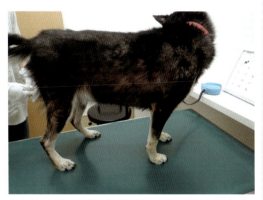
写真3-1-55　診察台の上にフケが多く落ちている

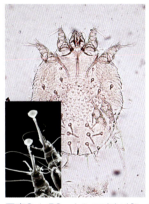
写真3-1-56　センコウヒゼンダニの雌成虫と脚先端の爪間体および吸盤（左下）の強拡大像
＜写真提供：森田達志先生（日本獣医生命科学大学）＞

野生動物からもうつるよ

ノミアレルギー(性皮膚炎)とノミ咬(刺)症
もらった感染症 ／ ネコノミの寄生

原因 ノミの病気は犬でもネコノミが原因となります。ノミの成虫は餌となる血を吸うために犬に寄生します。吸血してから約1日でノミの成虫は20〜50個ほど産卵し、幼虫が孵化・成長して成虫となって、増えた成虫が吸血する、といったサイクルを繰り返すことによりノミの数がどんどん増えていきます。ノミの成長には適切な温度(25℃)、湿度(70%〜)が必要なため、ノミによる皮膚炎は夏〜晩秋にかけてよく見られ、草むらに入ったり、感染した犬猫と直接接触したり、間接的に同じ場所を歩くなどで感染します。皮膚炎以外では大量に寄生した場合に貧血をおこしたり、他の寄生虫(主に条虫)や細菌(猫ひっかき病の原因菌 Bartonella henselae など)を媒介(運ぶこと)したりします。

症状・分類 ノミの病気には、2つのタイプがあります。1つはノミが多数寄生して、そのノミが吸血した部分にだけプツプツと症状が出るタイプで、ノミ咬(刺)症ともいい、ノミを探すことは簡単です。もう1つはノミが吸血するときにノミの唾液が皮膚に侵入し、その成分に対してアレルギー反応がおきて背中と腰を中心に、かゆみ、赤み、プツプツ(丘疹)、かさぶた、脱毛がおこる、ノミアレルギーと呼ばれるアレルギーがあります(写真3-1-57参照)。このタイプはノミと接触機会のまだ少ない若い犬にはなく、毎年接触し刺激を受けている中高齢の犬に多いのが特徴です。また、ノミが少なくてもひどい皮膚炎になるので探せないことがあります。診断はまず目の細かいノミ取り櫛(コーム)で全身をとかすことで、ノミの成虫や糞を探します。ノミの糞は黒くて小さい砂粒状(写真3-1-57参照)で、一見砂やゴミのように見えることがあります。濡らしたコットンやティッシュの上に落として水に溶けて茶色くにじむようなら糞だと判断できます。

治療 ノミに感染した犬がトリミングに来る場合は、ケージだけでなく待合室やケージのある床の隙間などにもノミが入っている可能性があるので徹底的に掃除します。環境への殺虫処置が必要になることもあります。

写真3-1-57 ノミアレルギー症状(右上)とノミの糞

皮膚糸状菌症
もらった感染症 ／ カビが原因で人にもうつる

原因 皮膚糸状菌というのはいわゆる「カビ」のことで、そのカビは3種類あり、猫の毛にも好んで感染する犬のカビ(70%:*Microsporum canis*)、土の中に生息するカビ(20%:*Microsporum gypseum*)、ウサギやげっ歯類に寄生するカビ(10%:*Trichophyton mentagrophytes*)になり、これらは基本的に毛の中に感染します(写真3-1-58参照)。これらのカビをもった犬猫からの感染が約70%で、主に抵抗力の低い犬(不衛生な環境にいた子犬や慢性疾患のある老犬)が接触することにより発症します。さらに人にもうつる人獣共通感染症でもあります。

症状 毛に感染するため、カビと触れやすい顔(とくに鼻や口)や足先などに、脱毛(写真3-1-59、60参照)、毛穴に一致した丘疹、フケ、赤み(紅斑)などの皮膚の異常が確認されますが、毛包虫症(p.42参照)や膿皮症(p.41参照)と似た皮膚の異常もおこるので判別が難しいです。そのため、培養検査(写真3-1-61参照)をする必要があります。区別のポイントは、患部が左右不対称で、皮膚の正常と異常との境界がはっきりしていて、感染が疑われる皮膚の被毛が簡単に抜ける(毛根まで感染しているため)、などです。重度になるほどかゆみや赤みが強くなります。

治療 剪毛や抗真菌薬の経口投与、シャンプー療法で、薬用シャンプーは2%ミコナゾール硝酸塩、クロルヘキシジンおよびサリチル酸配合シャンプーなどを用います。

また、**人にもうつる**(リングワームと呼ばれる赤い輪が皮膚に出る:写真3-1-62参照)ので、もしカビの感染を疑う症状が見られたら、必ずトリミングは中止し、動物病院の受診を勧めるべきです。ただし、見ただけではわからないことも多いので、もしカビに感染した犬、または感染が疑われる犬をトリミングで受けてしまった場合は、トリミングサロン内にカビが蔓延する可能性があるため、使用した器具やケージ、感染した犬が歩いた場所などは徹底的な洗浄、消毒処置を行います。また、重度な感染症例の感染した毛などは完全に取り除くことができないこともあるため、できれば捨てられるものはすべて捨てましょう。

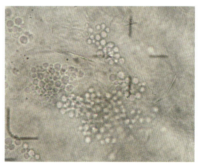

写真3-1-58 被毛の皮膚糸状菌症の顕微鏡所見

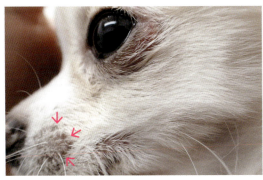
写真3-1-59 皮膚糸状菌症の犬

写真3-1-61 DTP培地による培養の陽性像（黄→赤に変色）

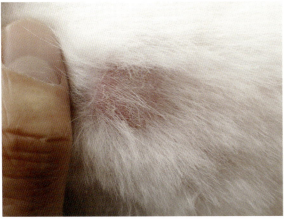
写真3-1-60 皮膚糸状菌症の部位

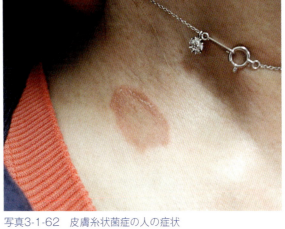
写真3-1-62 皮膚糸状菌症の人の症状

人獣共通感染症の中で発生率が最も高い病気です！

＜写真提供：杉山和寿先生（杉山獣医科）＞

うつる皮膚感染症が疑われる犬の対処法

うつる皮膚感染症のうち、トリミングが即中止となる疥癬や皮膚糸状菌症について解説します。

1　まず皮膚糸状菌か疥癬のどちらがあやしいか判別する

　うつる皮膚感染症のうち、とくに疥癬や皮膚糸状菌症などはトリミングは即中止となりますが、前述したように皮膚の異常だけではわかりにくく、動物病院でないと確定診断もできないのでトリマーやショップスタッフが事前に判断するのは難しいと思います。しかし、これらの皮膚病の犬がトリミングサロンやペットショップ内に入ってしまうと他の犬や動物、人にも感染するため、ひとまずあやしいかどうかを判断しましょう。

　疥癬は皮膚の異常だけでは判断できませんが、<u>広範囲の皮膚の異常で、重度なかゆみと多くのフケ</u>があれば疑えます。また、皮膚糸状菌の皮膚の異常は、境界明瞭な被毛の脱毛が特徴ですが、<u>抜けやすい</u>こともわかりやすい特徴です。そこであやしい皮膚の周辺の毛を束で引っぱってみてください。通常の被毛ならよほど力を加えない限り簡単に抜けることはないはずです。しかし皮膚糸状菌症に感染した<u>被毛はぼそっと簡単に抜ける</u>のでそこであやしいか判断してください。疥癬の場合はフケが多く、強いかゆみがあれば疑われます。これらにより皮膚糸状菌症や疥癬がかなりあやしいと判断したらひとまずトリミングを中止し、飼い主さんに動物病院の受診を勧めましょう。

2　トリミング前後の対処法

　動物病院の受診がかなわない場合は、できれば飼い主さんにお願いし、かかりつけ医に電話などで相談してもらってもよいでしょう。それもできない場合は、とくに中〜長毛種ならできるだけ被毛を短くすることをお勧めします。その理由として、**疥癬ならば寄生虫を除去するために行うシャンプー療法などの治療の効率性を高めるため、皮膚糸状菌症ならば感染源の毛をできるだけなくすため**です。皮膚の異常が部分的でも、とくに皮膚糸状菌症の場合は感染している被毛がどれか判断がつかないので全身の被毛をできる限り短く切る必要があります（動物病院では短く切るというより、全身の剃毛を行います）。

　次にサロン内に感染を蔓延させないために、まずは**他の犬や動物から隔離できる場所を確保**します。トリミングを実施した場合は、使用したハサミ、ブラシ、コーム、鉗子の徹底した清浄や消毒はもちろんのこと、忘れがちなクリッパーの刃は消毒薬が使えない場合が多いので、できるだけ念入りな清浄と、十分な防錆、冷却、潤滑などを行いましょう。

　消毒は細菌だけでなく、皮膚糸状菌を含めた真菌を除菌できる**次亜塩素酸ナトリウム**などの消毒薬を用います（p.116参照）。トリマーの服装については、エプロンはできたら使い捨てのものを用いますが、そうでないエプロンは、洗濯前に消毒します。エプロンの下のユニフォームはトリミング後、すぐに交換・洗濯（皮膚糸状菌は2回洗濯がよい）できるような服装にします。さらに頭髪などに感染した被毛やフケが付かないように保護する帽子や手袋、念のため口に入らないように、マスクもしたほうがよいでしょう。敷き材や使うタオルなどはできるだけ使い捨てできるものを使用しましょう。洗濯物や廃棄する物は、専用のビニール袋を用意し、被毛やフケはもちろんのこと、トリミング台や床などを拭いたものなどすべてそこにまとめるようにします。また、エアコンや掃除機、ドライヤー、通気口などのフィルター、出入口のマットやカーペットなども掃除します。**細部の掃除を怠るととくに皮膚糸状菌では菌が定着して、感染源が残り、トリミングサロンやペットショップ運営の死活問題となります。**「あそこに行くと皮膚病になる、うつされる」などのうわさが広まらないように、獣医師の指示を仰ぎ、徹底的な衛生管理を実施しましょう。

3　消毒

　トリミングテーブルやサロン内の床などは、主にウイルスや細菌、真菌に効果がある幅広い殺菌スペクトラムをもつ**複合次亜塩素酸系消毒剤**（例：アルナックビルコン®Sなど）が用いられており、器具類など消毒に優れた効果を発揮します。また近年では軽度な次亜塩素が入っている酸性水（弱酸性、強酸性）や、オゾンの入るオゾン水もあり、これらも複合次亜塩素酸系消毒剤と同様の幅広い殺菌スペクトラムをもち、食品関係の消毒にも使われるほど、人にも動物にも安全性の高い消毒薬です。ただし、酸性水（弱酸性）の中には器具類を錆びさせるものもあるため注意が必要です。

　錆びやすい器具類には、**クロルヘキシジン製剤や逆性石鹸**などを用いることが多いです。クロルヘキシジン製剤（例：ラポテック®S消毒液5%など）は、濃度にもよりますが、殺菌消毒成分で、細菌類や真菌類に対して有効ですが、結核菌やウイルスに対して効果はありません。また、逆性石鹸（ベンザルコニウム塩化物10w/v%水溶液、例：オスバン®Sなど）もクロルヘキシジン製剤同様、真菌・グラム陽性菌・グラム陰性菌の殺菌効果はありますが、ウイルスや結核菌には効果がありません。鉄製のクリッパーの刃は錆びやすく濡らすことができないものが多く、十分な消毒が困難なため、丁寧な清掃により感染源となる被毛やフケを除去するだけか、**紫外線灯を用いた滅菌庫**（写真3-1-63参照）などで消毒します（p.114〜117参照）。しかしこの紫外線灯では皮膚糸状菌のような真菌は殺菌できないので注意が必要です。

写真2-1-63　紫外線灯を用いた滅菌庫

トリミング後の皮膚トラブルで最も多い「脱毛」

毛刈り（剃毛）後脱毛症と毛周期停止症（脱毛症X）

　毛刈り（剃毛）後脱毛症は、頭と四肢以外のトリミングでカットした部分の毛がなかなか伸びてこない病気です。脱毛症Xはトリミングに関係なく（ときにトリミング後のこともある）、脱毛してしまう原因不明の病気です。

　これらの脱毛は見た目だけではどちらなのかわかりませんが、毛刈り（剃毛）後脱毛症は1年以内に毛が生えてくる場合が多いので、1年以上まったく毛が生えないなら脱毛症Xが強く疑われます。いずれも脱毛した皮膚は黒くなる傾向があります。毛刈り（剃毛）後脱毛症は、ポメラニアンやシベリアン・ハスキー（写真3-1-64参照）、脱毛症Xは去勢していないポメラニアン（写真3-1-65参照）とスピッツなどに多いです。脱毛症をおこしやすい犬種をトリミングする前には、できれば同意書を取り交わすようにするのがよいでしょう。

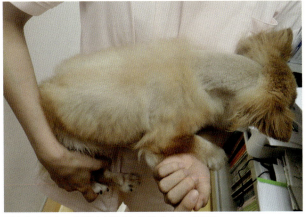
写真3-1-64　毛刈り（剃毛）後脱毛症のチワワ

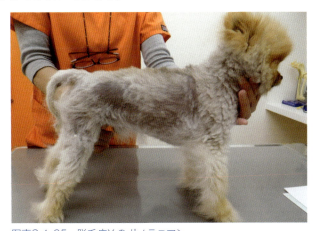
写真3-1-65　脱毛症Xのポメラニアン
＜写真提供：日景 淳先生（アーツ動物クリニック）＞

ホルモンに関係する脱毛

　ホルモンといってもさまざまですが、主に甲状腺機能低下症、副腎皮質機能亢進症（クッシング症候群）（写真3-1-66参照）、性ホルモン（写真3-1-67参照）などにより、古い毛の伸びが止まり（退行期）、毛が抜けて（休止期）、新しい毛が生える（成長期）というサイクルが止まり、新しい毛が生えず、結果的に脱毛となる病気です（毛の長い犬はとくに毛のサイクルが長いので顕著に現われます）。

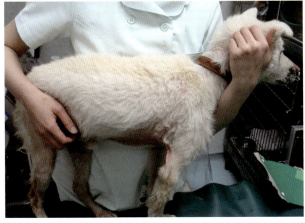
写真3-1-66　副腎皮質機能亢進症（クッシング症候群）により脱毛がある

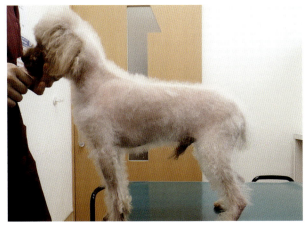
写真3-1-67　性ホルモン疾患による全身の脱毛

脱毛以外では色が黒くなったり、皮膚が薄くなったり（写真3-1-68参照）、赤みが出たりします。ホルモンに関係する病気は、各病気によって脱毛以外に元気食欲の低下、体温の低下、水を飲む量が多い、尿が多い、お腹が膨れる、太りやすいなどの全身症状が出ます。

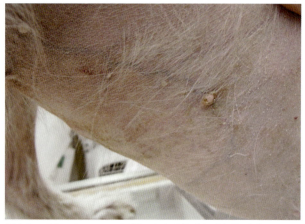

写真3-1-68　ホルモンの影響で皮膚が薄くなり血管が浮き出ている

牽引性脱毛症

トリミング時に付けるリボンやゴムで毛が牽引されることにより、血のめぐりが悪くなって脱毛してしまう病気です。脱毛した部位の毛が生えてこない場合もあるため、一度あやしい経過がみられた犬は、リボンやゴムを付けないようにしましょう。リボンやゴムによる牽引ではなく、犬自身がそれらを取り除こうとして、足などで周辺を引っかいて物理的に脱毛してしまうこともあります。

生まれつきの被毛の異常で脱毛する病気

この病気には、淡色被毛脱毛症／黒色被毛形成異常症とパターン脱毛症があります。淡色被毛脱毛症／黒色被毛形成異常症は若い年齢で、淡色あるいは黒色の毛がある犬が少しの刺激で毛が切れてしまう病気です。イタリアン・グレーハウンド、ミニチュア・ピンシャー、チワワ、ダックスフンドなどのブルーやフォーンといった淡色の毛色や2色以上の毛色からなる犬の黒い毛におこります。パターン脱毛症は生まれつき毛が細いために脱毛しやすくなる病気で、ダックスフンドに多いです（写真3-1-69、70参照）。出やすい場所は、耳の後ろや首の下、胸、おしりなどです。いずれにしてもトリミングで悪くなることがあるので注意が必要です。

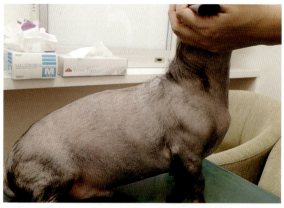

写真3-1-69　ミニチュア・ダックスフンドの淡色被毛脱毛症

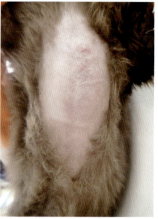

写真3-1-70
ミニチュア・ダックスフンドのパターン脱毛症

Column

脱毛＝皮膚病とは限りません

　脱毛は皮膚病の一つではありますが、すべてが皮膚病とはいえません。写真3-1-71の犬は持病で膝蓋骨脱臼があり、脱臼をするとその違和感（痛み）のために足を舐めていました。犬が足を舐めると毎回、飼い主さんが「どうしたの？」と声をかけるので、足の痛みがなくなった後もその犬は飼い主さんに声をかけてもらうために足を舐める行動をやめず、遂には後肢の広範囲で脱毛となってしまいました。

　図3-1-72の犬もやはり後肢の脱毛（口の届きやすいところ）があり、ブツブツなどの皮疹や皮膚の異常はないものの、かゆみがあったためアレルギーを疑いました。ですが、検査の結果、すべて陰性でした。

　被毛検査で断裂した被毛（写真3-1-73参照）があり舐めていることは事実だったので、何らかの常同行動（同じ行動を繰りかえすこと）であると考えられ、行動学的カウンセリングを行いました。結果、留守のストレスによる分離不安（飼い主さんと離れるとパニックになる）が判明し、カウンセリングと精神安定剤で脱毛が改善しました。

　このように脱毛＝皮膚病とはいえないこともあるのです。原因が精神的なものって難しいですね。

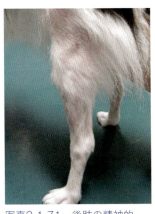
写真3-1-71　後肢の精神的脱毛①

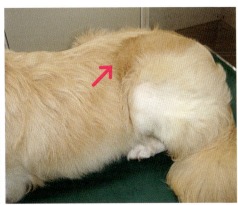
写真3-1-72　後肢の精神的脱毛②

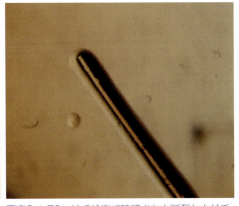
写真3-1-73　被毛検査で確認された断裂した被毛

健康な被毛を保つために

健康な皮膚・被毛を保つためのポイントを以下にまとめました。

健康な被毛を保つための5箇条

1. バランスよく栄養をとる。
2. 散歩で日光を浴び、しっかり運動する。
3. ブラッシングを定期的に行う。
4. シャンプーを月1回程度行う。
5. 皮膚に必要な栄養素を補給する。

1．バランスよく栄養をとる。
　健康な被毛を保つためには、バランスのよい栄養をとる必要があり、ジャーキーだけ、○○だけ、などの偏食はさせないこと、人の食べ物を与えないことが大切です。

2．散歩で日光を浴び、しっかり運動する。
　被毛も身体の一部であり、体調維持には代謝を上げることが必要なので、まずは1日2回しっかりと散歩（運動）をしましょう。また、日光を浴びることは皮膚の栄養を保つためにも重要であり、日光浴は殺菌効果もあるので、1日1回の散歩の場合はできるだけ朝か昼間（夏場除く）に行いましょう。さらに散歩は犬の情報交換の場でもあり精神的ストレスの軽減にもなると思われます。

3．ブラッシングを定期的に行う。
　清潔な状態を保つためにも定期的にブラッシングを行い、汚れや抜け毛を除去し、皮膚の血行も促進します。

4．シャンプーを月1回程度行う。
　シャンプーも月1回程度行います。皮膚病の場合は週1、2回程度、治療のために薬用シャンプーで洗うことがありますが、皮膚に問題がない場合は洗いすぎないようにしましょう。洗いすぎると、必要な脂分を取り除いて乾燥肌になったり、皮膚にある正常細菌（叢）をなくしてしまい、バリア機能が破綻し、細菌感染やアレルギーを引きおこしやすくなるため、やりすぎてはいけません。また、皮膚炎がある場合は、毛穴の汚れを取り除く作用があるマイクロバブル*を用いた入浴や皮膚に塗布できる除菌水（弱酸性水など）などを利用してもよいでしょう。

5．皮膚に必要な栄養素を補給する。
　皮膚に必要な栄養素を補給することもポイントです。皮膚に必要な栄養素にはビタミンE、亜鉛などいくつかありますが、近年注目されているのが、アレルギーや膿皮症などの原因となる皮膚バリア機能低下を改善するための栄養素です。例えば、皮膚バリア機能強化および保湿目的には、セラミド（スフィンゴシン）、コレステロール、脂肪酸エステル、オメガ6脂肪酸、オメガ3脂肪酸などがあります。また、各疾患に対応するサプリメントもあり、抗脂漏・発毛目的には、グルコン酸亜鉛、ボラプレジンクなどがあります。脱毛症（p.47、48参照）にはリゾープス麹より抽出された生理活性物質などがあります。

*マイクロバブル：マイクロバブルのマイクロ（μ）とは、100万分の1を表す語で、1μmであれば、100万分の1m。人間の毛の太さ（直径）は約70μmなので、とても小さいことがわかる。マイクロバブルは、ジェットバスとは比べものにならないぐらいの小ささで、微小な空気が入っている泡（バブル）により毛穴の奥に詰まっている汚れを取り除くことができる。被毛や皮膚表面の汚れはシャンプーで除去できるが、毛穴の奥までは洗えないので、その効果は高いと考えられ、利用されている。

memo

耳のつくりと働き

耳まわりのチェックで、変だなと気づくものには、かゆみ（耳を振る、痛み）、脱毛、赤み（発赤）またはブツブツ（湿疹）、腫れ（腫脹）、耳だれ（耳垢が多い）、悪臭などがあります。耳まわりの病気にはさまざまなものがあります。耳道の入口から鼓膜までを外耳道といいますが、病気として最も多いのは皮膚病の延長上にある外耳炎です。その他として耳血腫や腫瘍、中耳炎、内耳炎などがあります。本項では、トリミングに関わりが大きく、病気としても最も多い外耳炎を中心に解説します。

外耳、中耳、内耳で構成

犬の耳は外耳（耳介、垂直耳道、水平耳道）、中耳（耳小骨、鼓膜、耳管、鼓室胞）、内耳（蝸牛管、前庭、三半規管）より構成されています。耳介は軟骨の表面が皮膚で覆われた構造になっていて、集音の働きをしています。外耳道は垂直耳道と水平耳道からなり、音を鼓膜に伝えます。耳道の表面は皮膚で覆われた構造になっており、毛包、皮脂腺、耳垢腺（アポクリン腺）などの付属器を有する上皮と、豊富な弾性繊維やコラーゲンを含む真皮が存在します。

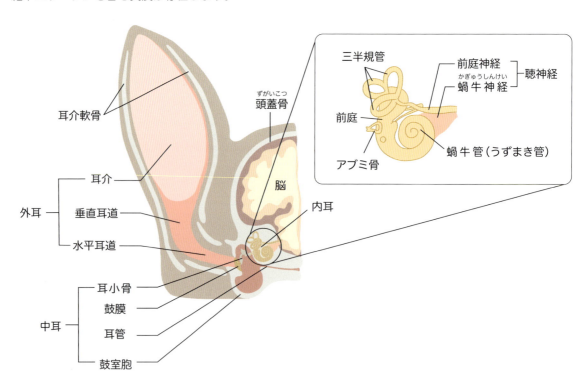

図3-2-1　耳の構造

耳垢って何？

耳垢はつまり耳の垢ですが、その主成分は主に脱落した上皮細胞と分泌腺から分泌された分泌液です。

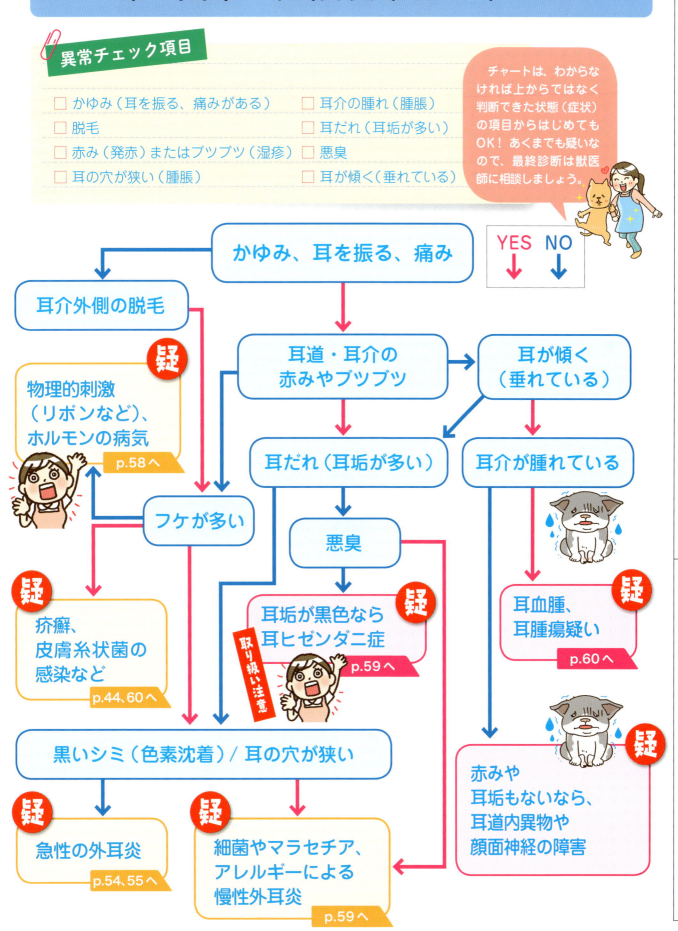

外耳炎についてしっかり理解しよう

外耳炎は外耳道および鼓膜周辺の分泌異常で炎症が発現し、症状としては耳を掻いたり、頭部を振ったり、耳を床にこすりつけたりし、重度になると激しい疼痛により沈うつになることがある病気です。外耳炎が慢性経過をたどると鼓膜を損傷し難治性の中耳炎へと進行します。

外耳炎が急性か慢性かの違いは何でわかるの？

外耳炎には急性と慢性があります。急性は炎症が強いので赤み（発赤）や腫脹、ときに痛みを伴う強いかゆみがありますが、慢性経過となると皮膚が黒くなったり（色素沈着）、苔癬化（象の皮膚のように黒く厚くなる）、肥厚（耳道が狭くなり、重度だと閉鎖する）などいずれかが確認されたら慢性と評価できます（図3-2-2 参照）。

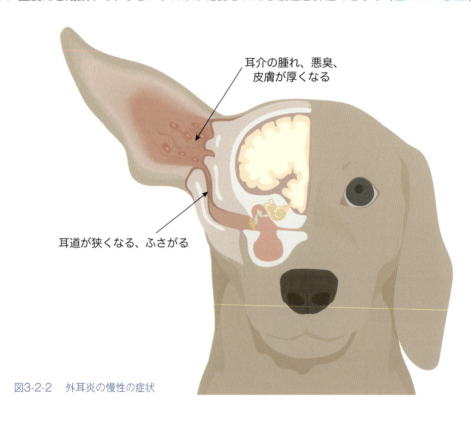

図3-2-2　外耳炎の慢性の症状

外耳炎の原因

外耳炎の原因には、構造的および体質的な特性、環境要因、疾患要因などが複雑に絡んでいます。

構造的および体質的特性には、耳道内の被毛、耳道狭窄、狭い耳道、垂れ耳などがあります。環境要因には、異物（ノギ、ときに被毛など）、過剰な湿気（高温多湿、シャンプーなど）、外傷（耳血腫の原因の一つ）、不適切な治療（機械的外傷、刺激物質、不適切な洗浄など）などがあり、疾患にはアレルギー（犬アトピー性皮膚炎、食物アレルギー：写真3-2-1 参照）、細菌（主にブドウ球菌：写真3-2-2 参照）や酵母様真菌（マラセチア：写真3-2-3 参照）、寄生虫（ミミヒゼンダニなど）の感染、角化異常（原発性特発性/本態性脂漏症、甲状腺機能低下症、性ホルモンの不均衡）、寒冷凝集による耳介の血行不良による脱毛（写真3-2-4 参照）、自己免疫性疾患、耳垢腺およびアポクリン腺の病気や腫瘍、耳介の腫瘤（写真3-2-5 参照）、ウイルス性疾患、全身性疾患（発熱、免疫抑制、衰弱など）などがあります。

外耳炎は慢性経過をたどると膿性外耳炎（写真3-2-6 参照）になったり鼓膜を損傷し難治性の中耳炎、さらに進行すると内耳炎となり斜頸（首が傾いた状態）などの症状をおこします（p.61 参照）。

写真3-2-1 アレルギー性外耳炎。皮膚が赤くなっている

写真3-2-2 細菌性外耳炎

写真3-2-3 重度なマラセチア（脂漏性）外耳炎

写真3-2-4 寒冷凝集が原因の脱毛

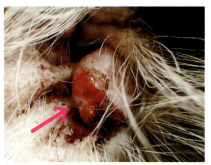
写真3-2-5 耳介の腫瘤

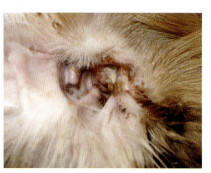
写真3-2-6 重度な膿性外耳炎

表3-2-1 外耳炎の原因と種類

原因	種類
構造的特性	狭い耳道、耳道内の被毛、耳道狭窄、垂れ耳など
環境および外的要因	異物（ノギ、ときに被毛など）、過剰な湿気（高温多湿、シャンプーなど）、不適切な治療（機械的外傷、刺激物質、不適切な洗浄など）など
疾患	細菌や酵母様真菌（マラセチア）、寄生虫（ミミヒゼンダニなど）の感染、角化異常（原発性特発性／本能性脂漏症、甲状腺機能低下症、性ホルモンの不均衡）、アレルギー（犬アトピー性皮膚炎、食物アレルギー）、自己免疫性疾患、耳垢腺およびアポクリン腺の病気や腫瘍、耳介の腫瘤、ウイルス性疾患、全身性疾患（発熱、免疫抑制、衰弱など）など

外耳炎にかかりやすい犬種

外耳炎にかかりやすい犬種は、アメリカン・コッカー・スパニエル、フレンチ・ブルドッグ、ダックスフンド、プードル、シー・ズー、ウエスト・ハイランド・ホワイト・テリア、ラブラドール・レトリーバーなどです。その理由には構造的または体質的な特性が関与していて、その具体例を以下に示します（表3-2-2 参照）。

「狭い耳道」の構造的特性があるのはチワワ、ポメラニアンなど、「耳道内の被毛」が多い特性をもつのはプードル、シー・ズー、キャバリア・キング・チャールズ・スパニエル、アメリカン・コッカー・スパニエルなど。「耳道狭窄」が多いのは短頭種のボストン・テリア、フレンチ・ブルドッグ、パグなど、「垂れ耳」の特性をもつのはアメリカン・コッカー・スパニエル、シー・ズー、プードルなどです。「アレルギー」の疾患になりやすいのは、アメリカン・コッカー・スパニエル（難治性が多い）、フレンチ・ブルドッグ、ダックスフンド、プードル、シー・ズー、ウエスト・ハイランド・ホワイト・テリア、ラブラドール・レトリーバーなどが知られています。

表3-2-2 外耳炎にかかりやすい犬種の特性

構造的・体質的な特性	犬種
耳道内の被毛	プードル、シー・ズー、キャバリア・キング・チャールズ・スパニエル、アメリカン・コッカー・スパニエル、ミニチュア・シュナウザーなど
耳道狭窄	ボストン・テリア、フレンチ・ブルドッグ、パグなどの短頭（吻）種
狭い耳道	チワワ、ポメラニアンなど
垂れ耳	アメリカン・コッカー・スパニエル、シー・ズー、プードルなど
アレルギー	アメリカン・コッカー・スパニエル、フレンチ・ブルドッグ、ダックスフンド、プードル、シー・ズー、ウエスト・ハイランド・ホワイト・テリア、ラブラドール・レトリーバーなど

外耳炎での耳処置

　正常であれば耳垢や分泌物は上皮移動により耳介側に排出されます。そのため、むやみに奥から耳垢をとる必要はありません。健康な耳ならば、常在菌を流したり、抗菌してしまう洗浄剤での洗浄は行うべきではありません。しかし外耳炎の犬は、鼓膜周辺に毛が乱生し、耳垢と分泌物と毛が一緒になり粘稠度が増すことで上皮運動が妨げられ、結果的に耳垢が排出できなくなり炎症がおこります。よって外耳炎になった場合は、マッサージ洗浄として、耳垢溶解能の高い耳道洗浄液（イヤークリーナー、例：エピオティック®など）を外耳道内に適量滴下し、<u>耳道を外側から軽くマッサージして、浮き出た耳垢を取り除くようにします。</u>マッサージの回数の目安は1回あたり10～20回、3～5セットです。

　しかし痛みがある場合は、むやみに耳をさわらず、すぐに動物病院の受診を勧めましょう。ちなみにそのような場合に動物病院で実施される処置としては、まずは耳をさわらず投薬などで炎症を抑えた後、痛みが軽減してから通常のマッサージ洗浄を行います。耳垢が多いときには栄養カテーテルと生理食塩液などを用いて洗浄します。また、難治性外耳炎の場合は、麻酔下で耳専用内視鏡のオトスコープなどを用いて耳道や鼓膜を目視しながらの徹底的な洗浄をすることがあります。

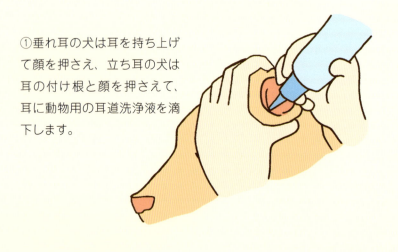

①垂れ耳の犬は耳を持ち上げて顔を押さえ、立ち耳の犬は耳の付け根と顔を押さえて、耳に動物用の耳道洗浄液を滴下します。

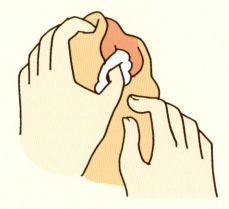

②垂れ耳の犬は耳を上げて押さえたまま、立ち耳の犬は耳を押さえたまま、カット綿で耳道入口を押さえ、垂直耳道をやさしくマッサージします。

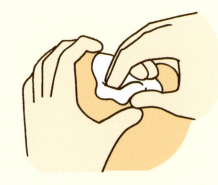

③垂れ耳の犬は耳を軽く持ち上げたまま、立ち耳の犬は耳を押さえたまま、新しいカット綿で汚れた洗浄液を吸収して、拭き取ります。

図3-2-3　耳のマッサージ洗浄の手順

主な耳道洗浄液（イヤークリーナー）

表3-2-3

含まれている主な成分名	商品名	注意点など
サリチル酸、パラクロロメタキシレノール、エチレンジアミン四酢酸ナトリウム EDTA-Na、単糖類	エピオティック®（ビルバックジャパン）	・においはきついが刺激性はない。
オーツアベナンスラマイド	オーツイヤークリーナー（日本全薬工業）	・低刺激性なので毎日使える。 ・微香性なので刺激臭はない。
サリチル酸	ベストフレンズ® イヤークリーナー® G（千寿製薬）	・1日1回。 ・適応は、外耳道内に乾燥した耳垢が固着している場合や炎症がある場合。
塩化ナトリウム、フェノキシエタノール、シトラス抽出物	ベッツケア® イヤークリーナー（ビルバックジャパン）	・香りがやさしい。
ポリオキシエチレンオクチルフェニルエーテル、プロピレングリコール、イソプロピルアルコール	ノルバサンオチック（キリカン洋行）	・耳垢の洗浄に必要なら1日1〜2回行う。 ・アルコールが含まれているので刺激や炎症に注意。
グリセリン、サリチル酸Na、EDTA-2Na、pH調整剤	PE EDTAイヤークリーナー（QIX）	・耳垢を軟化・除去しやすくする。

※いずれも鼓膜損傷時には使用しないこと。

（2024年8月現在）

主な耳の病気

耳の病気にはさまざまな原因でおこる外耳炎のほか、感染症など以下の病気が見られます。

表3-2-4　主な耳の病気

病名	原因	特徴的な症状	注意点
外耳炎	ブドウ球菌などの細菌、酵母様真菌（マラセチア）、寄生虫（ミミヒゼンダニ）、異物（ノギ、抜けた毛）、アレルギー（犬アトピー性皮膚炎、食物アレルギー）、腫瘍など	酵母様真菌のマラセチアによる耳垢は茶色でくさい。ミミヒゼンダニの耳垢は黒い。かゆみが激しいのはミミヒゼンダニや食物アレルギー、異物は耳垢や炎症がない突然のかゆみ（首を振るしぐさが見られる）。	細菌や酵母様真菌感染は、アレルギーに関与している場合がある。ミミヒゼンダニは、他の動物や人に一時寄生することがある。
皮膚糸状菌症	皮膚糸状菌	耳の病気としては耳介の脱毛など。	人にうつる病気（ズーノーシス：人獣共通感染症）なので注意。
物理的刺激	耳飾りによる直接（毛根が引っぱられる）または間接的な刺激（引っかく）	脱毛	耳飾りや被毛を束ねるゴムをあまりにも気にしてしまう場合は、付けないことも検討。
内分泌性疾患（ホルモンの病気）	甲状腺機能低下症、性ホルモン失調など	耳の病気としては左右耳介周囲の脱毛など。	トリミング中の体調に注意。
耳血腫　p.60	かゆみやぶつけたなどの物理的刺激により耳介の中に血がたまる病気	耳介がギョウザのように腫れること。かゆみで首を振ったり痛がったりする。立耳の場合は重さで傾く。	首を振って耳介をぶつけないようにエリザベスカラーを付ける。
耳の腫瘍	外耳道内は耳垢腺の腫瘍、耳介は扁平上皮癌など	外耳道内の腫瘍は難治性の外耳炎の原因となる。	外耳道内の腫瘍は、良性40％、悪性60％の割合。コッカー・スパニエル系に多い。

Step up! ちょっと深読みコーナー
～注意したい病気や症状～

マラセチア外耳炎
脂っぽいにおいのある外耳炎

原因 マラセチア（*Malassezia pachydermatis*）は、動物の皮膚や外耳道表面に常在する酵母様真菌で、顕微鏡ではボーリングのピンやピーナッツ状の菌体として見えます。犬が産生する皮脂を栄養源として、マラセチアから産生される代謝物や菌体要素が黄色い脂（脂漏）やフケ（鱗屑）をともなう皮膚炎の原因と考えられています。

症状 好発部位は、外耳以外に口唇、鼻、四肢、眼周囲、趾間、首の腹側、腋窩、内股、会陰部、肛門周囲などです。皮膚の異常は、外耳では外耳道の肥厚や独特なにおいを認め、紅斑、掻痒、色素沈着、脱毛、脂漏、落屑、苔癬化などが外耳以外の皮膚にも認められます（写真3-2-7参照）。

治療 治療は、抗真菌作用のある洗浄剤や、抗真菌剤が入った点耳薬ですが、全身症状があればマラセチア（脂漏性）皮膚炎の治療が必要です。

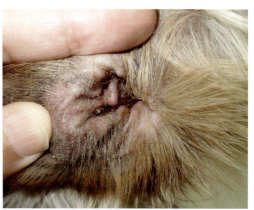

写真3-2-7　重度のマラセチア（脂漏性）外耳炎

耳ヒゼンダニ症（耳疥癬）
比較的子犬に多い

原因 ミミヒゼンダニ（写真3-2-8、9参照）の感染症で主に多頭飼育されていた幼犬に多い病気です。

症状 ミミヒゼンダニ感染後、ダニの唾液や排泄物などに対する過敏反応や、ダニの移動による刺激によって非常に強い掻痒（首を振る、耳が下がる、疼痛、耳介周囲の紅斑、腫脹、掻爬痕など）を生じます。強いかゆみがあるかどうかの試験とされる、「耳介-後肢反射*」が見られることがあります。感染すると黒色の耳垢（写真3-2-10参照）が出ますが、これは外耳道からの分泌物やミミヒゼンダニの排泄物などから形成されます。

治療 治療は殺ダニ剤が効果的ですが、他の動物にうつるので耳垢の扱いには注意しましょう。

*耳介をさわって刺激を与えるとそれに反応して反射的に後肢を動かす動作のこと。疥癬以外に耳ヒゼンダニ症や食物アレルギーなど強いかゆみが出る病気で陽性になることがある。

写真3-2-8　ミミヒゼンダニの成体
＜写真提供：森田達志先生（日本獣医生命科学大学）＞

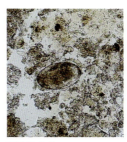

写真3-2-9
ミミヒゼンダニの卵

写真3-2-10
耳ヒゼンダニ症の耳垢

＜写真提供：山本拓也先生、山本敦子先生（チャムどうぶつ病院）＞

疥癬

耳介に皮疹が発現する

原因 疥癬虫（センコウヒゼンダニ）の成虫（写真3-2-11参照）表皮の角質層に寄生し、皮膚に虫の道（疥癬トンネル）をつくり、その中で排泄および産卵をします。

疥癬の感染源は、感染した犬の他、タヌキ、キツネなども感染するので公園やドッグラン、キャンプ場、トリミングサロン、動物病院、動物の死体や巣への接触などが感染機会となります。

症状 皮膚症状は、耳介や肘、飛節に非季節性の強い掻痒が認められます（図3-2-4、写真3-2-12参照）。また、紅斑、丘疹、鱗屑、厚い痂皮なども耳介だけでなく、皮膚にも認められます。ダニ抗原（角皮や糞便など）に対する過敏反応で発現するのでアレルギー性皮膚炎と発現は似ています*。診断は、耳ヒゼンダニ症同様、耳介－後肢反射や、虫体を確認するための皮膚掻爬検査ですが、検出されないこともあるため、フケをかき集めて鏡検する方法も同時に行います。犬疥癬は猫疥癬同様、まれに人に一時的に寄生することもあるので注意が必要です（人の皮膚内で繁殖することはありません）。

治療 主にマクロライド系駆虫薬を用いますが、注射・経口薬・滴下剤の投与などの種類があります。市販されているノミ取り首輪や滴下剤は効果がありません。また、他の動物、人にうつるので環境中の清浄化（掃除、熱湯消毒）や同居動物への治療も重要です。

*センコウヒゼンダニの寄生が少ない通常疥癬と、寄生が多く痂皮までつくられる角化型疥癬がある。

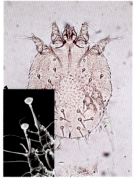

写真3-2-11 センコウヒゼンダニ雌成虫と脚先端の爪間体および吸盤（左下）の強拡大像

＜写真提供：森田達志先生（日本獣医生命科学大学）＞

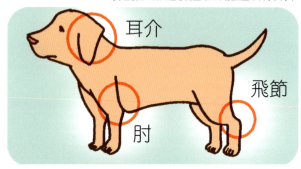

図3-2-4 疥癬がおこりやすい部位

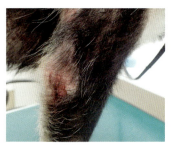

写真3-2-12 疥癬をおこした肘

耳血腫

耳介に血がたまる病気

原因 耳介の軟骨板内に血液がたまり、ギョウザのように膨れてしまう病気です。犬の耳介には扁平な軟骨の芯があります。この芯は2枚の薄い軟骨が合わさってできていますが、耳血腫はこの軟骨の間に血液がたまった状態です（図3-2-5参照）。

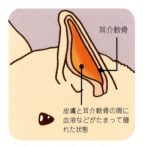

図3-2-5 耳血腫の様子

原因は、主に外傷が関係しています。外傷を誘発する主な要因は外耳炎で、首を振って耳介を外傷させたときに軟骨が骨折して、そこから出血します。

症状 症状は、耳のかゆみ、首を振る、耳がギョウザのように膨れる（写真3-2-13参照）、垂れ下がるなどです。耳血腫を早めに治さないと軟骨の変形が残り、耳介がシワシワになってしまいます。

治療 早期発見できた軽度の場合は、耳血腫内の血液を吸引（写真3-2-14参照）後、薬剤を注入する方法で治りますが、中等度以上や慢性経過例では、耳血腫部分に皮膚生検用パンチ（生検トレパン）などで穴をあけるなど外科的処置が必要なことがあります。

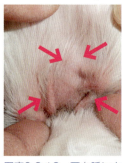

写真3-2-13 耳血腫により耳介が腫れている

写真3-2-14 耳介から貯留液を抜いている

＜写真提供：日景 淳先生（アーツ動物クリニック）＞

鼓膜よりも奥に炎症がおきた状態

中耳炎・内耳炎

原因 中耳炎とは細菌を原因とした中耳に限定される炎症で、鼓室胞内に滲出物が貯留します。内耳炎とは内耳の骨迷路を中心とした炎症性疾患のことで、ほとんどが中耳炎から波及します。

症状 中耳炎は外耳炎と類似した症状ですが、内耳炎になると聴覚障害や悪い耳側に首が傾いたり（捻転斜頸）、まわったり（旋回運動）します。また、目が一定のリズムで一方向または、上下方向に動く（眼振）も見られ、食欲低下や嘔吐がおこることもあります。

治療 治療は中耳炎・内耳炎いずれも、犬ではほとんどが慢性の外耳炎を併発しているので、外耳炎の治療と併行して行われます。

写真3-2-15 斜頸と眼振

写真3-2-16 斜頸

あれも耳血腫？

柔道やレスリングの選手の耳が「ギョウザ耳」になっていることがあります。これは外傷性の耳血腫なのです。柔道では寝技、レスリングではマット上で耳に繰り返し外傷を受けることでおこります。ある柔道の金メダリストは「耳血腫があることがどれだけ練習したかの証であり、誇りでもある」といっていました。ただし犬はそれを誇りとは感じませんから、外耳炎とともに早めに治す必要があります。

目の病気

目のつくりと働き

　目の病気はトリミング時によく問題になる病気の一つですが、目で問題になることが多いのは前眼房という目の先端部分のトラブルや、ぶどう膜と呼ばれる部分の炎症です。このように目の構造を知ることで病気の原因や、トリミングにおける処置の仕方も変わってくるので、しっかり覚えておきましょう。

◉ 上眼瞼、下眼瞼、瞬膜に守られている

　直径約2cmの眼球は眼窩というくぼみに収まります。この眼窩は短頭（吻）種では浅く、眼球突出傾向であり、長頭種は眼窩が深く、眼球突出傾向は低いです。眼は上眼瞼、下眼瞼、瞬膜の動きにより乾燥と外界刺激から防御されています。眼には多くの血液が流れていますが、角膜、水晶体、硝子体には血流はありません。血流が豊富なのはぶどう膜と呼ばれる膜で、連続する虹彩、毛様体、脈絡膜を総称してぶどう膜といいます（図3-3-1 参照）。

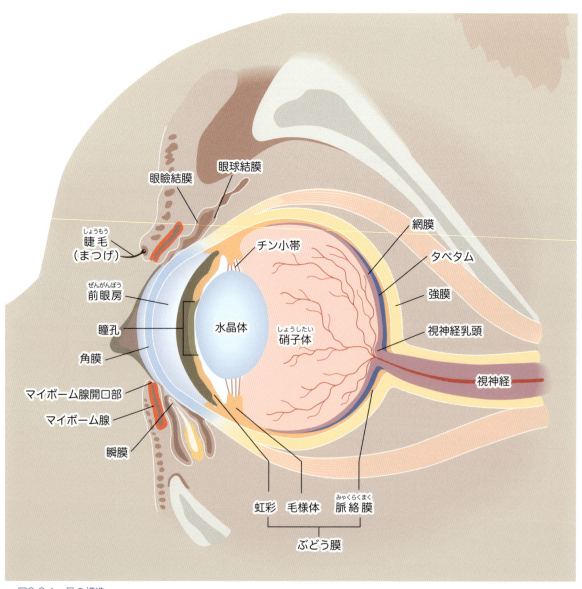

図3-3-1　目の構造

目の色はどこでわかるの？

目の色は病気ではない限り、虹彩の色で決まります。メラニン色素の少ない青い目は、薬の吸収力が弱いため目薬の効きが悪いことが知られています（写真3-3-1 参照）。また、写真撮影でフラッシュを使用したとき、人では赤目になりますが、それは目の奥の血管が反射するためです。夜行性の犬の目が緑目になるのは、眼の底のタペタムが緑色に反射するためです。

写真3-3-1　青い目は目薬の効きが悪い

まつげ（睫毛）って犬・猫にはあるの？

まつげは水や異物を眼球内に入らないようにするためのもので、人では上下にありますが、犬は上のみ（写真3-3-2 参照）で、猫にはありません。ただし猫の場合、アイライン上の被毛がまつげの代わりになります（写真3-3-3 参照）。

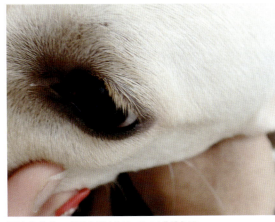

写真3-3-2　犬は上瞼だけにまつげがある

写真3-3-3　猫はまつげがなく、アイライン上の被毛がその代わりとなる

今の純血種の目は遺伝病ばかりなんです

　実は、正常な目をもつ純血種の犬の割合は、アメリカン・コッカー・スパニエルの中では約40％（白内障や逆さまつげが多い）、パグでは約50％、シー・ズーでは約60％、チワワでは約70％、イングリッシュ・コッカー・スパニエルでは約70％、ミニチュア・ダックスフンドでは約80％（進行性網膜萎縮、白内障などが多い）、ゴールデン・レトリーバーでは約80％（白内障などが多い）だけです。つまり、アメリカン・コッカー・スパニエルやパグの2頭に1頭は遺伝的に異常な目ということになります。異常の度合いにもよりますが、怖いですね！

赤いまたは白い目の異常

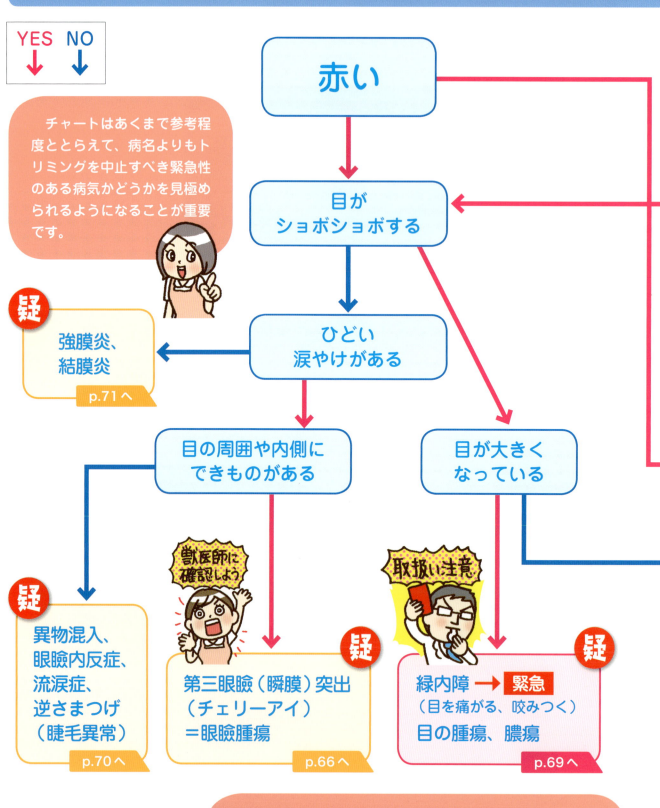

YES ↓ NO ↓

チャートはあくまで参考程度ととらえて、病名よりもトリミングを中止すべき緊急性のある病気かどうかを見極められるようになることが重要です。

赤い

目がショボショボする

ひどい涙やけがある

疑 強膜炎、結膜炎 p.71へ

目の周囲や内側にできものがある

目が大きくなっている

疑 異物混入、眼瞼内反症、流涙症、逆さまつげ（睫毛異常） p.70へ

獣医師に確認しよう

疑 第三眼瞼（瞬膜）突出（チェリーアイ）＝眼瞼腫瘍 p.66へ

取扱い注意

疑 緑内障 → 緊急（目を痛がる、咬みつく）目の腫瘍、膿瘍 p.69へ

瞬膜（第三眼瞼：涙の40％を産生）が出ていると「目がおかしい」と動物病院に来ることが多いです。これは結膜炎以外では脱水、呼吸器疾患、神経疾患のサインなので注意してください。

・危険度確認チャート

異常チェック項目

- □ 目が赤い
- □ 目がショボショボする
- □ 目やにが多い
- □ 涙やけがある
- □ 目が白い
- □ 目が黒い
- □ 目の中にモヤモヤがある
- □ 目が大きい（出ている）
- □ 目の周囲や内側にできものがある
- □ 目を痛がる、咬みつく
- □ 目がキラキラしている、物にぶつかる、夜の散歩を嫌がる

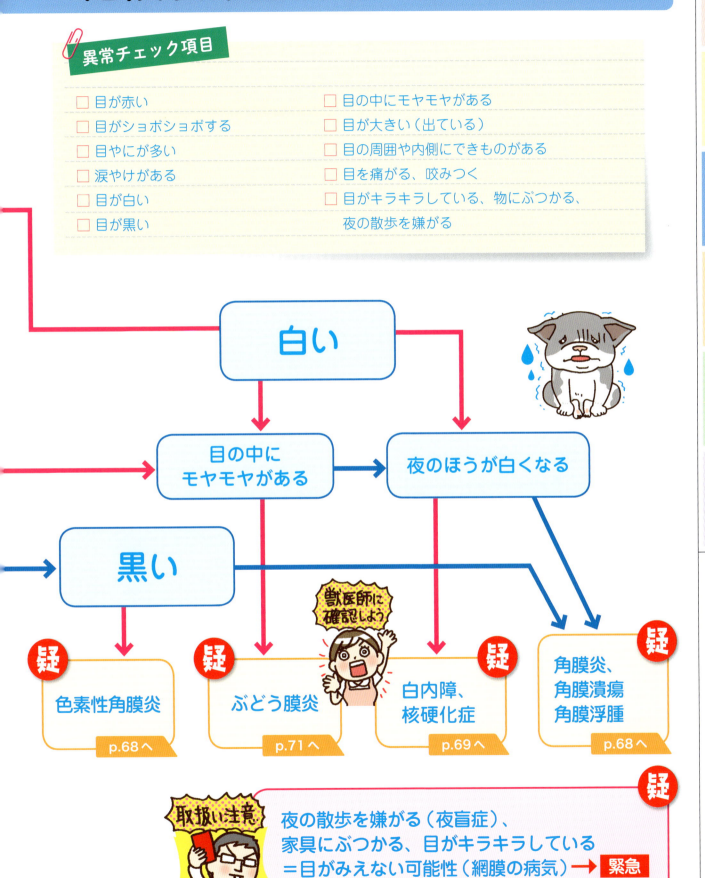

白い → 目の中にモヤモヤがある → 夜のほうが白くなる

黒い

疑：色素性角膜炎　p.68へ

疑：ぶどう膜炎（獣医師に確認しよう）　p.71へ

疑：白内障、核硬化症　p.69へ

疑：角膜炎、角膜潰瘍、角膜浮腫　p.68へ

疑（取扱い注意）：夜の散歩を嫌がる（夜盲症）、家具にぶつかる、目がキラキラしている＝目がみえない可能性（網膜の病気）→ 緊急　p.70へ

主な目の病気

目にはさまざまな症状が見られます。トリミングの実施が大きな影響を与えることがあるので、少しでも異常を感じたら以下の表を参考に注意点を確認しましょう。

表3-3-1　主な目の病気

症状	病名	原因	トリミング時の注意点
目が赤い	結膜炎 p.71 前房出血	感染性は細菌、ウイルス、真菌、寄生虫など。非感染性はアレルギー性、接触性、涙液減少などだが、犬は非感染性が多い。眼球内が赤い場合は前房出血（重度）。	・トリミング中は刺激に注意。 ※目薬は必須。前房出血は緊急疾患、トリミング中止。
目が変になった、赤いものが飛び出している	第三眼瞼（瞬膜）突出・脱出（チェリーアイ）	主に重度な結膜炎が原因だが、脱水や眼瞼内反、削痩時の眼球陥凹により瞬膜が脱出することもある。瞬膜腺が赤く腫脹した結果、脱出したものをチェリーアイと呼ぶ。好発犬種は、アメリカン・コッカー・スパニエル、ブルドッグ、ビーグル。	・トリミング中は刺激に注意。
目がショボショボする	角膜炎：傷が浅い 角膜潰瘍：傷が深い p.68	外傷、異物、逆さまつげ（睫毛重生）、眼瞼内反、眼瞼腫瘍などの刺激による感染で発現することが多い。	・ドライヤーによる乾燥が原因のこともある。 ・トリミングは中止。
目がショボショボ、穴があいた、目がつぶれた	角膜潰瘍 p.68	同上。	・緊急疾患。 ・トリミングは中止。
目が黒い	色素性角膜炎 p.68 または 乾性角結膜炎（KCS）	涙の分泌不足や涙液蒸散が増加した慢性的な角結膜炎。慢性的な角膜の炎症によりメラニン色素が沈着し黒化する。パグ、ペキニーズ、シー・ズーに多い。	・トリミング中は乾燥を防ぐこと。
涙やけ	流涙症（流涙過多）p.71	眼瞼周囲の筋力の問題（子犬）、異物、刺激物、逆さまつげ（睫毛重生）、眼瞼内反、眼瞼腫瘍などの刺激による涙分泌量増加、または涙分泌量低下。	・トリミング中の刺激や乾燥に注意が必要。
目の中がモヤモヤ（目が白い、赤い）	ぶどう膜炎 p.71	ぶどう膜とは血管の豊富な部位（虹彩、毛様体、脈絡膜）であり、これらに炎症がおきたもの。	・トリミング中の刺激には注意。
目が少し白または青っぽい（暗いとき）	核硬化症 p.69	加齢とともに水晶体の中心が白く濁るもの、視覚には問題はない。初期白内障との鑑別必要。	・いわゆる老眼みたいなものなので問題なし。
目がかなり白い①（暗いとき）	白内障 p.69	水晶体が、遺伝的要因、加齢、糖尿病、ぶどう膜炎などにより白濁したもの、進行すると網膜に障害はないが、物理的な理由で視覚が失われる。	・トリミング中は声かけなど配慮が必要。
目がかなり白い（ときに一部）②（明暗関係なし）	角膜浮腫	角膜炎や角膜潰瘍、緑内障が関与している重篤な状態。類似する病態で、脂質角膜症や角膜内皮ジストロフィー、パンヌス（慢性表層性角膜炎）でも白濁する。	・緊急疾患。 ・トリミング中止。
目が大きい、目が出ている、ショボショボする（重度な痛み、咬みつく）	緑内障 p.69	前眼房という目の先端の内圧を一定に保つ液体が過剰にたまり、眼球内圧が高くなった結果、網膜や視神経を圧迫し失明に至る病気。激しい痛みや白目（強膜）が充血したり、濁ったり（角膜浮腫）する。	・緊急疾患。7時間でほぼ失明、2日で完全失明。 ・トリミング中止。
目がキラキラ、ぶつかる、夜の散歩が嫌い	網膜疾患（変性・萎縮）	炎症や緑内障が原因で、目の奥にある映像を映し出す網膜の障害により視力を失う病気。暗所で見えにくいのは網膜萎縮症、明暗所いずれも見えにくい場合は網膜剥離 p.70 や網膜変性。ミニチュア・ダックスフンドとプードルに多い。	・視力を失っている緊急疾患なのでトリミング中止。 ・失明の場合はエリザベスカラーを用いる。
目の周囲のイボ	眼瞼腫瘍	眼瞼腫瘍にはマイボーム腺腫や黒色腫などがあり、その刺激で流涙症や角膜炎になっていることがある。	・トリミング中の乾燥だけでなく、腫瘤を引っかけないように注意。

⚠️ 顔へのドライヤーは危険！

トリミングで気をつけたいのは角膜炎です。単純に顔にドライヤーをかけすぎた場合におこることが多いのですが、気をつけているのに角膜炎になる犬は、元々涙の分泌が少ないために角膜炎になりやすい犬と考えられます。予防的に目薬を使うことはもちろん、特に涙の分泌が少ない犬の場合は、目周辺へのドライヤーのあてすぎはできるだけ避けましょう。

写真3-3-4　顔にドライヤーをあてすぎるのは避ける

動物医療用点眼薬の特徴と注意点

　点眼薬の形態は2つに大別できます。一つは、マルチドーズタイプで、これは眼軟膏も含めた点眼ビンタイプのものをいいます。このタイプには長期間使用できるために防腐剤が入っており、時にその防腐剤の過敏症で眼瞼周囲炎になることがあります。もう一つは、使い捨てのユニットドーズタイプです。これは防腐剤を含まず、汚染防止になるため理想的な目薬なのですが、使い捨てなのでコストがかかります。しかしマルチドーズタイプの目薬をさして悪化した場合は、防腐剤の影響も考えられるため、使用中止するか、ユニットドーズタイプがあればそちらへ切り替えるのもよい方法です。また、眼軟膏は30℃以上になると液状になるので夏場の保管には注意しましょう。

※市販の人用点眼薬は、防腐剤による刺激性が強いため犬の使用は避ける。

写真3-3-5　マルチドーズタイプの目薬（左）とユニットドーズタイプの目薬（右）

◉ 点眼の手順

1. 片方の手で上まぶたと下まぶたを開く
2. もう片方の手に点眼薬を持ち、視野の後ろ（後頭部）のほうから点眼薬を近づける
3. 顔を少し斜め上に向かせ視点をずらし、点眼薬の容器がまつげに触れないように1滴点眼する（点眼後目を閉じる）
4. あふれ出た点眼液は、コットンなどで拭き取る

写真3-3-6　点眼時の顔の保定例

Step up! ちょっと深読みコーナー ～注意したい病気や症状～

角膜に傷ができた状態
角膜炎／角膜潰瘍

原因 外傷、異物、逆さまつげ（睫毛重生）、眼瞼内反、眼瞼腫瘤などの刺激による感染で発現することが多く、トリミングではドライヤーによる乾燥が原因のこともあります。ただし涙液分泌不全（下記参照）により涙が足りない場合は、これらの刺激によりすぐに角膜炎を発現させてしまうので、配慮しても何度も繰り返す場合は涙液分泌不全を除外する必要があります。

症状・分類 目の痛みによりショボショボしている状態を羞明といいます。羞明を発現するものは主に角膜炎や角膜潰瘍があります。角膜の傷の浅いものを角膜炎（角膜上皮のみの欠損である表層性潰瘍：写真3-3-7参照）、深いものを角膜潰瘍（角膜実質まで欠損した深層性潰瘍：写真3-3-8参照）と分類できます。さらに重症は角膜内側の膜（デスメ膜）が飛び出すものもあります（写真3-3-9、10参照）。また、慢性化すると透明な角膜にシミが付き、黒くなっていきます。これを色素性角膜炎といいます。また、角膜が黒くなる病気として涙が不足して角膜炎や結膜炎を繰り返す乾性角結膜炎もあります。

治療 角膜炎では痛みによって引っかいてしまうため、エリザベスカラーの装着は必須で、補助的に抗菌薬やヒアルロン酸などの点眼薬で治療します。一方、角膜潰瘍の場合は点眼薬に自己血清を加えたり、麻酔下で角膜潰瘍部を保護するために瞬膜を上眼瞼に縫合する方法（瞬膜フラップ）または単純に眼瞼を縫合する方法（眼瞼縫合）などの処置が必要なこともあります。

写真3-3-7 真ん中の緑色に染色された部分が角膜潰瘍

写真3-3-8 角膜炎／角膜潰瘍の様子

写真3-3-9 デスメ膜が脱出した角膜潰瘍①

写真3-3-10 デスメ膜が脱出した角膜潰瘍②

涙液分泌不全とは

涙液は、油層（マイボーム腺）、水層、粘液層（結膜杯細胞から出るムチン）からなる三層構造の膜で眼表面を覆っており、水層と粘液層を液層ととらえ、油層と液層（水層＋粘液層）とも分類されます。つまり、そのシステムは、瞬膜（瞬膜腺と涙腺）から水が出て（②水層）、結膜から出るムチンがその涙を眼球全体に広げ（③粘液層）、マイボーム腺から出た油（①油層）により液層にある涙の蒸発を抑えているのです。よって涙が足りない病気、つまり角膜炎の原因となる涙液分泌不全には3つのうちどれが不足しているかで治療法が変わることがあります。
※近年では②水層と③粘膜層が1つになっていると考えられている。

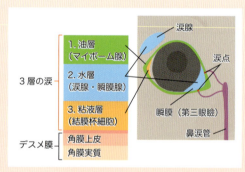
図3-3-2 3つの涙

目をショボショボしている＝角膜炎や角膜潰瘍ではない

右の写真は、目がショボショボしているようにも見えますが、実は顔面神経麻痺という病気です。よくみると角膜炎に見られるショボショボより症状が弱く、悪い目の上や頬の上の筋肉が顔面神経麻痺のためそげ落ちて見えます。

写真3-3-11 顔面神経麻痺のコーギー

写真3-3-12 顔面神経麻痺のシベリアン・ハスキー

◉ 白内障

水晶体が白く濁る状態

原因 水晶体が遺伝的素因や、加齢やぶどう膜炎や糖尿病などが関与して白濁する病態です。遺伝的素因のある犬種には、トイ・プードル、コッカー・スパニエル、ラブラドール・レトリーバーなどが知られ、6歳齢までに発症することが多いです。

分類 白内障には、成熟度により初発白内障、未熟白内障（写真3-3-13参照）、成熟白内障（写真3-3-14、15参照）、過熟白内障があり、視覚（人で使われるいわゆる「視力」は使わず「視覚」を用いる）が失われるのは成熟および過熟白内障です。

治療 点眼（初発白内障のみ効果が知られている）や内服薬で治すことはできません。網膜に障害がなければ白内障手術（超音波乳化吸引法）により視覚が回復します。

核硬化症とは

加齢の変化で、水晶体中心部が硬化し軽度に白濁して見えるものは核硬化症といい、白内障ではありません。なお、核硬化症は視覚に影響することはありません。

写真3-3-16 核硬化症

図3-3-3 白内障の分類

写真3-3-13 未熟白内障

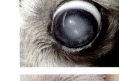
写真3-3-14 未熟から成熟にかけての白内障　写真3-3-15 成熟白内障

◉ 緑内障

眼圧が上がり失明してしまう

原因 前眼房という目の先端の領域の内圧を一定に保つ液体が過剰にとどまり、眼球内圧（眼圧）が高くなった結果、網膜や視神経を圧迫して失明してしまう病気です（図3-3-4参照）。

分類 緑内障は原発性と続発性に分類されます。原発性緑内障は、遺伝的でその素因のある犬種として柴犬、アメリカン・コッカー・スパニエル、シー・ズー、バセット・ハウンドなどが知られています。病変は通常片方の目が多いですが、進行すると両目になります。続発性緑内障は、ぶどう膜炎、水晶体脱臼、眼内腫瘍、網膜剥離などに続発した急性緑内障の進行した慢性緑内障で、毛様充血、瞳孔散大、角膜混濁、角膜浮腫（写真3-3-17参照）、眼球腫大、疼痛（元気消失、食欲不振、顔にふれられるのを嫌がり、時に攻撃性が増大）などの症状を示します。巨大化した眼を「牛眼」ということもあります（写真3-3-18参照）。

治療 緊急疾患で、7時間でほぼ失明、2日で完全失明といわれていますので、発見したらすぐに点滴や点眼薬で治療を開始します。視覚が消失した場合は、痛みから解放するため、シリコンボール挿入術や眼球摘出術などの手術を行います。類似する病気にパンヌス（慢性表層性角膜炎）がありますが、これは角膜表面がボコボコする特徴があるので鑑別は可能です。

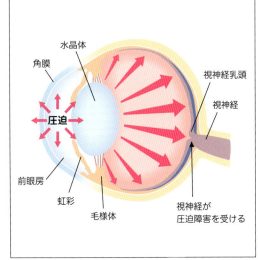

図3-3-4 緑内障で失明する流れ
前眼房の眼圧が高くなると、水晶体が押され硝子体圧が上がり網膜へ圧力が伝わってしまい失明につながる。

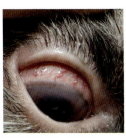
写真3-3-17 緑内障　充血と角膜浮腫もある。

写真3-3-18 右目が大きい緑内障（牛眼）

まつげの病気（睫毛異常）

まつげの生える場所や方向が異常

原因 まつげは通常、毛根の場所とまつげの伸びていく方向が決まっています。ただし、時にまつげの毛根の場所やまつげが伸びていく方向に異常が現れる場合があります。

症状 まつげの異常によって、流涙、羞明（角膜炎）、結膜炎などが現れます。

分類 まつげ（睫毛）の毛根がマイボーム腺から伸びているものを睫毛重生、まつげの伸びる方向が角膜に向かってしまうものを睫毛乱生、まつげの先端が瞼（まぶた）の内側にあるものを異所性睫毛といいます（図3-3-5参照）。

注意点 まつげの病気の犬は角膜炎になりやすいのでドライヤーなどの熱には注意しましょう。

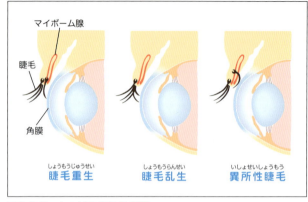

図3-3-5　まつげの病気の分類

網膜の病気

視覚低下や失明する

網膜とは眼の中に入った情報を脳に伝える役割を担っています。つまり視覚があるかどうかに影響する重要な場所なのです。よって網膜の病気になると視覚の低下や失明になります。網膜の病気には網膜変性症や網膜剥離があります。

近年注目されているのがダックスフンドなどに多い遺伝性の網膜変性症で、この病気は、網膜への血液の流れが悪くなることで発症します。最初は夜だけ見えにくくなったり（夜盲）、動く物が見えにくくなり、いずれ失明してしまう病気です。見た目は瞳孔が散大しキラキラしてみえます（写真3-3-19参照）。一方、網膜剥離は網膜が本来の位置から剥がれることにより視覚障害をおこす病気です（図3-3-6参照）。原因は生まれつき剥がれやすい性質をもつ場合や、外傷や感染、高血圧、凝固異常などによる出血、ぶどう膜炎などによる硝子体の炎症などです。網膜剥離はレーザー治療などが有効ですが、網膜変性症は効果的な治療法がないため早期発見が重要です。

写真3-3-19　網膜の病気で目がキラキラしている

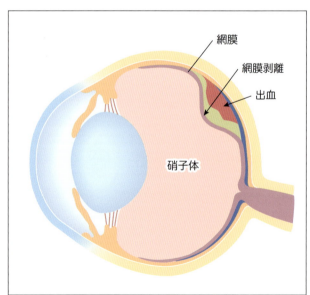

図3-3-6　網膜の異常部位

> 物にぶつかる様子があったら、目が見えないのかもしれません！

充血や目やにが出る結膜の炎症

結膜炎

原因 細菌、真菌、ウイルス、寄生虫の感染、免疫異常、涙液分泌異常、異物の混入などがあります。

分類 結膜炎は、結膜の炎症の総称で、結膜には眼球結膜と眼瞼結膜があります。眼球結膜は非常に薄く無色透明で、いわゆる白目の表面を覆っているもので、眼瞼結膜は、眼球結膜に比べて厚く不透明で、若干赤く瞼の内側の表面を覆っているものです。また、瞬膜（第三眼瞼）の眼球側と瞼側の表面も結膜に分類されます（図3-3-7参照）。

症状 結膜の充血（写真3-3-20参照）と目やに（写真3-3-21参照）などであり、その他の目の病気（緑内障、ぶどう膜炎など）でも初期症状として結膜が充血することがあるので、それらの病気との鑑別が大切です。

治療 主に点眼薬。その原因に沿った薬を選択します。

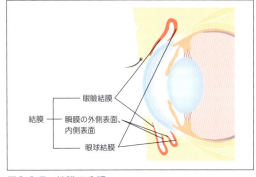
図3-3-7 結膜の分類

写真3-3-20 結膜炎。結膜に充血がある

写真3-3-21 結膜炎による目やに

虹彩、毛様体、脈絡膜どれかの炎症

ぶどう膜炎

原因 免疫介在性、特発性、代謝異常、感染性、毒性、外傷、腫瘍などです。

分類 目の構造の中で、血管に富む部位である虹彩、毛様体、脈絡膜を併せてぶどう膜といいます（図3-3-8参照）。虹彩は網膜を保護するためにその大きさを変えることで目の中に入る光の量を調整しています。毛様体は、視覚の調節と房水を産生します。脈絡膜は、血管を豊富にもち、網膜などに栄養を与える役目をしています。虹彩、毛様体、脈絡膜は連続していて、それぞれの炎症が波及しやすく、このいずれかの部位に生じた炎症をぶどう膜炎といいます。

症状 結膜充血、羞明、角膜混濁、縮瞳、眼圧の低下、房水内の混濁、眼内出血などです。

治療 原因の特定により、その治療を行うのが基本ですが、主に消炎剤の点眼薬を使用します。

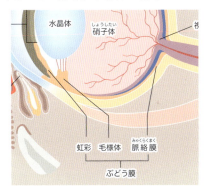
図3-3-8 ぶどう膜

さまざまな原因で涙が流れ出る症状

流涙症

原因 原因は多様で、逆さまつげなどの睫毛異常による眼球への刺激、眼瞼周囲の筋力未発達（マルチーズに多い：写真3-3-22参照）、マイボーム腺の分泌不足、涙管閉塞（写真3-3-23参照）、角膜炎や角膜潰瘍、眼瞼腫瘍（写真3-3-24、25参照）などがあります。

症状 眼球周辺の筋力の弱さが原因だけならそれほど問題ないですが、慢性化すると皮膚炎が生じたり、二次感染の影響でにおいが強くなることがあります。

治療 原因を特定し、点眼薬、内服薬、場合によっては手術が必要になることもあります。なお、マルチーズなどの子犬に見られる眼球周囲の筋力未発達による流涙症は、成長とともに筋力が発達すれば改善することが多いです。

写真3-3-22 マルチーズの子犬に多い流涙症 目の周囲の毛が赤茶色に変色している。

写真3-3-23 トイ・プードルの涙管閉塞による流涙症

写真3-3-24 シー・ズーのマイボーム腺腫が原因の流涙症①

写真3-3-25 シー・ズーのマイボーム腺腫が原因の流涙症②

鼻と口の病気

汚れ・ただれ・腫れ・できものが特徴

　鼻と口まわりのチェックで、おかしいなと思われるものに、鼻水［血液混じりのもの（血様）、どろっとしている（粘稠性）、さらさらして水っぽい（漿液性）］、鼻血、くしゃみ、赤み（発赤）、白や黄色など色がおかしい、悪臭、汚れ、ただれ、腫れ（腫脹）、できもの（腫瘤）、そして呼吸音の異常、鼻や口まわりをさわられるのを嫌がる、などがあります。

　鼻の病気として一般的なのは、鼻炎・副鼻腔炎ですが、アレルギー疾患や腫瘍などもあるため注意しましょう。

　口の病気として最も多いのが歯周病であり、その他に歯が折れる（破折）、口腔内腫瘍などがあります。また、噛み合わせは犬種によってさまざまですが、小型犬や短頭（吻）種では歯並びや本数の異常、乳歯遺残などがしばしば見られます。口の病気の注意点として歯周病がひどい場合は、顎の骨などが脆くなっていることがあるので、何かにぶつけたり強くひっぱったりしたときに顎の骨が折れることもあるので注意しましょう。

鼻と口（舌も含む）は体調管理の評価に重要

　第1章でも説明しましたが、体調管理のためによくチェックされるものの中では鼻や口（舌も）が最も重要です。

　鼻はよく「乾いている」と体調が悪いと評価されますが、寝起きなどでも乾くため、あまり評価法としては有用ではありません。ただし、重度な脱水があれば乾きますし、鼻の皮膚病などで皮膚がただれたり白くなったりした状態のときには注意が必要です。また、鼻水や鼻血が出ていないかをチェックしましょう。

　とくに歯肉からの情報は重要で、貧血や黄疸、舌も含めチアノーゼなどの評価に用いられ、その評価は主に色を確認します。歯肉の色は、色素の違いにより個々で色が異なることもありますが（色素は成長とともに変化することがある）、主に正常時はピンク色で、貧血になると薄く、または白くなり、黄疸だと黄色（目も同様）、呼吸困難時に出るチアノーゼだと舌とともに青またはグレーになります（p.9 参照）。このように鼻や口（舌も）は体調管理の指標として最もわかりやすいので必ずトリミングやケアの前にチェックしましょう。

鼻と口のつくりと働き

　鼻は、味覚を感じるという重要な特徴があります。人は舌で味を感じますが、犬は主に鼻、つまり嗅覚が重要なので、においがないと食べ物だと認識しづらくなるので大切な感覚器です。また、鼻と口は呼吸に携わるという点でも重要な役割をもちます。生まれつき鼻の穴が小さいために呼吸しづらい犬もいます（p.11、12参照）。トリミング前には鼻や口の動きなどにも注意してください。鼻の構造は鼻腔、副鼻腔、口の中は硬口蓋、軟口蓋があります（図3-4-1参照）。

　口の中では、歯が重要で、とくに肉食獣の歯は、獲物を捕らえ肉を切り裂き、食べ物を嚙んで（咀嚼）飲み込む（嚥下）ことはもちろんのこと、外敵を攻撃するときの武器になります。さらに咬んだりすることによるコミュニケーションにも役立ちます。

　犬の歯の原則として永久歯は切歯が上顎に6本、下顎に6本、犬歯が上顎に2本、下顎に2本、前臼歯が上顎に8本、下顎に8本、後臼歯が上顎に4本、下顎に6本の計42本です（図3-4-1参照）。しかしとくに小型犬は欠如していることがあります（欠歯）。歯と歯周周囲の構造は図のとおりですが、歯は歯肉を境にして目に見える部分を歯冠（エナメル質、象牙質、歯肉溝）、顎の骨の中に存在する部分を歯根（セメント質、象牙質から構成され、その中心部の歯髄腔には歯髄*がある）、その間の部分を歯頸部といいます（図3-4-1参照）。

　いわゆる歯周病の原因となる歯周組織には、歯の保護をしている歯肉、骨に近い硬さがあるセメント質、歯槽骨に直接外力が加わらないような保護目的のある歯根膜、歯を支えている骨の一部である歯槽骨があります。

*歯髄：血管、神経、リンパ管に富む組織でいわゆる歯の神経と呼ばれる。

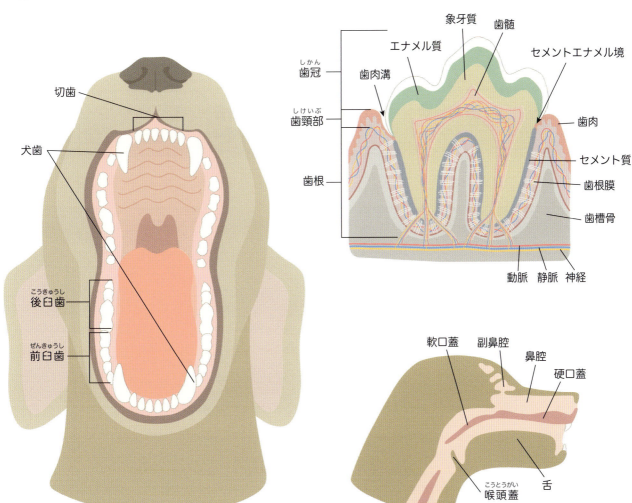

図3-4-1　鼻と口（歯）の構造

鼻と口の異常・危

異常チェック項目

- くしゃみがある
- 鼻水に血液が混じっている（血様）
- 鼻水がどろっとしている（粘稠性）
- 鼻水がさらさらして水っぽい（漿液性）
- 鼻血が出ている
- 口腔粘膜の色がおかしい（赤・白・黄など）
- 口周囲に汚れがある、ただれがある
- 鼻や口に腫れやできものがある
- 口臭がある

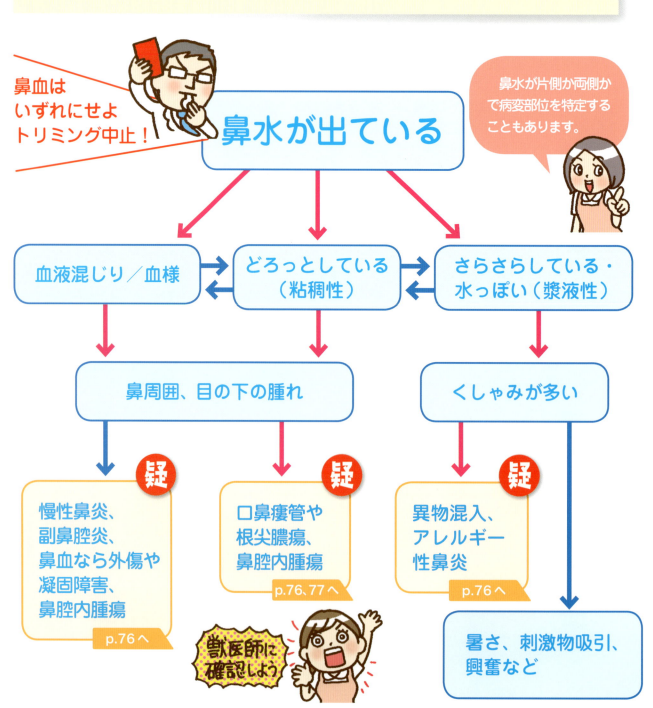

鼻血はいずれにせよトリミング中止！

鼻水が片側か両側かで病変部位を特定することもあります。

鼻水が出ている

- 血液混じり／血様
- どろっとしている（粘稠性）
- さらさらしている・水っぽい（漿液性）

→ 鼻周囲、目の下の腫れ
→ くしゃみが多い

疑 慢性鼻炎、副鼻腔炎、鼻血なら外傷や凝固障害、鼻腔内腫瘍 p.76へ

疑 口鼻瘻管や根尖膿瘍、鼻腔内腫瘍 p.76、77へ

疑 異物混入、アレルギー性鼻炎 p.76へ

獣医師に確認しよう

暑さ、刺激物吸引、興奮など

険度確認チャート

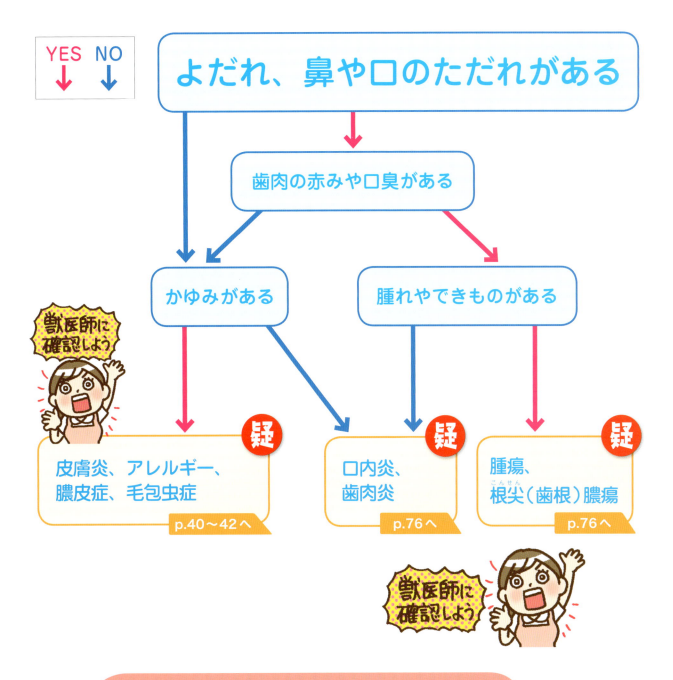

重度な歯槽膿漏の場合、歯が抜けたり、骨が溶けたりするため、骨が脆くなっています。とくに超小型犬のトリミング時にマズル（鼻口部）を強くつかんだり、つかんだ状態で犬が暴れたりすると顎が折れる可能性があるので注意しましょう。

主な鼻と口の病気

鼻と口まわりで覚えておきたい鼻腔・口腔疾患・呼吸器疾患を以下の表に示します。

表3-4-1 主な鼻と口の病気

病名や原因	発症部位	症状
アレルギー	鼻	透明のさらさらした鼻水やくしゃみなどがあるとアレルギーが疑われる。アレルギー性皮膚炎で脱毛することもある。環境刺激との鑑別が重要。
鼻炎・副鼻腔炎	鼻	鼻腔内または副鼻腔内に細菌やウイルス、カビ、異物、ときに腫瘍などにより炎症がおこり粘稠性のある色のついた鼻水が慢性的に出る。
環境刺激	鼻	寒冷刺激、香料（消臭剤、アロマ）や煙（タバコ、お香など）の刺激により、くしゃみが出て慢性化すると鼻炎や結膜炎などになる。
自己免疫性疾患	鼻の皮膚	季節性に紫外線などの刺激で発現する白斑や脱毛、炎症後に色素脱失する。ときに自己免疫性疾患が関与していることがある（写真3-4-1、2参照）。
口内炎、歯肉炎	歯	歯垢に含まれる細菌などにより歯肉や口腔粘膜に炎症がおこる病気。歯垢が層になると歯石となる。歯肉だけでなく口周囲に炎症が広がることがある。
アレルギー性皮膚炎	とくに口周囲、鼻もある	とくに口周囲時に鼻の上に炎症や強いかゆみのある場合は、アレルギー性皮膚炎が疑われる。ただし歯肉炎との鑑別が必要（写真3-4-3、4参照）。
根尖（歯根）膿瘍、前臼歯膿瘍	歯	歯根周囲の重度な炎症。その周囲は膿がたまり、骨を溶かす。とくに第4前臼歯によく見られ、目の下あたりが腫れる。頬部などの皮膚に穴があき、血様または膿様の分泌物が出る（口鼻瘻管：p.77）こともある。人では膿がたまる歯周病を歯槽膿漏とも呼ぶ。
鼻腔内および口腔内腫瘍	鼻と口周囲、口腔内	鼻腔内は悪性腫瘍が多く、どろっとした血様の鼻水、くしゃみと鼻周囲の変形が特徴。また、口腔内腫瘍は、良性のものでは歯肉が盛り上がる棘細胞性エナメル上皮腫（エプーリス）があり、悪性では黒色腫（黒っぽいできもので、口臭が強い）や、粘膜などにできる扁平上皮癌などがある。

写真3-4-1 自己免疫性疾患

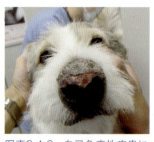

写真3-4-2 自己免疫性疾患による鼻の皮膚のただれ

写真3-4-3 アレルギー性皮膚炎による口周囲の炎症

写真3-4-4 アレルギーによる鼻の脱毛

Step up! ちょっと深読みコーナー
〜注意したい病気や症状〜

歯周病
細菌が歯根に炎症をおこして破壊された状態

原因 3歳齢以上の犬の約80％以上がかかっているといわれています。歯垢中の歯周病関連細菌が歯肉に炎症をおこして歯肉炎となり歯周ポケットができます（図3-4-2参照）。さらに進行して歯根に炎症をおこし破壊されると歯周病となります。

症状・分類 歯周炎がさらに進行すると歯根の根っこ（先端部）の根尖周囲に炎症がおこり、その周囲の骨を溶かすことがあります。さらに、歯周病関連細菌がその毒素や炎症性物質が血液中に流れ、心臓病、肝臓病、腎臓病の原因となることがあります。

治療 程度にもよりますが、主に全身麻酔下で歯垢除去（スケーリング）や歯周組織が重度に破壊された場合は抜歯することもあります。予防には歯磨きを中心としたケアが必要です。

注意点 小型犬では歯周病によって臼歯の下顎骨がひどく吸収されると、下顎骨が薄くなり、硬いものを噛んだり、トリミングで顎を押さえただけで骨折（下顎骨折）することがあります。

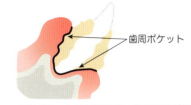

歯周ポケット内は膿や血。歯周組織が破壊されていくと歯がぐらつき、抜ける。

図3-4-2　重度な歯周病と臼歯膿瘍

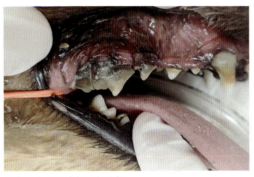

写真3-4-5　重度の歯周炎

口鼻瘻管（こうびろうかん）
骨が炎症で溶けて鼻と口がつながってしまう

原因 歯周病や歯の破損、咬耗などで根尖周囲に炎症がおこり、それが進行して口と鼻の間を隔てている骨が溶けて口と鼻がつながってしまう状態を口鼻瘻管といいます（図3-4-3参照）。
　一般的には歯周病なら第4臼歯や上顎犬歯、第3切歯が多いですが、上顎の口と鼻を隔てている骨は、1〜2mmほどの薄い部位もあるため、歯周病が最も問題となります。

症状 くしゃみ、鼻水、鼻出血、腫張（排膿：図3-4-6参照）などです。

治療 抗菌薬の投与に加え全身麻酔下で原因となる歯を抜歯し、穴を塞ぐ処置を行います。

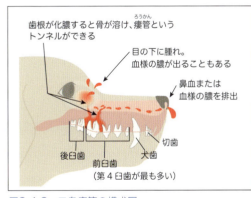

図3-4-3　口鼻瘻管の模式図

写真3-4-6　口鼻瘻管

乳歯遺残 （にゅうしいざん）

乳歯が生え換わらず残ったままの状態

原因 犬は人や猫と同様に乳歯から永久歯に生え変わる二生歯性です。犬の歯は、通常、約2カ月齢で乳歯が生え揃い、約5カ月齢から生え変わりはじめ、約7カ月齢で乳歯から永久歯に完全に生え変わりますが、7カ月齢を過ぎても乳歯が残り、永久歯とともに認められることがあります。これを乳歯遺残といいます。

症状 乳歯遺残は小型犬に多く見られ、主に上下顎の乳犬歯で見られます。乳歯をそのままにしていると永久歯がうまく生えず不整咬合や、乳歯と永久歯の間に歯垢・歯石がつくことにより歯周病になることがあります。

治療 約7カ月齢（時期は個体差あり）を過ぎても乳歯が残っている場合は、麻酔下で遺残した乳歯を抜歯します。

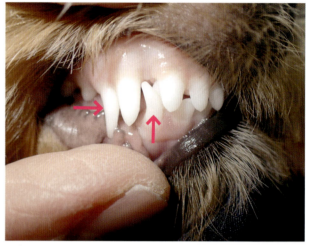
写真3-4-7　乳歯遺残の犬歯（矢印部）

Topic　ホームデンタルケアの手順

① ホームデンタルケアをする前に、まず、犬をリラックスさせた状態で口をさわったあと褒めたり、ドライフードを口を開けて入れたりすることを何度も行い、人の手が口をさわる、または口を開かせることに慣れさせます。これは子犬のときからのしつけが重要です。

写真3-4-8

② 人が口をさわることに慣れたら、食べかすをとる手技として、水やぬるま湯で濡らしたガーゼなどを指に巻いて、歯（とくに犬歯や上顎臼歯）の表面をなでるように磨きます（写真3-4-8参照）。犬が動いてしまう場合は後ろから頭部を固定しながら行います（写真3-4-9参照）。

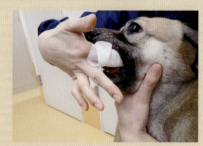
写真3-4-9

③ ガーゼに慣れた段階で、初めて歯ブラシを用います。できれば歯ブラシは折れにくい動物用を用いますが、なければ人の子ども用の小さいヘッドでやわらかい毛であればよいでしょう。ガーゼと同様に水やぬるま湯で歯ブラシを濡らし、歯ブラシを歯に対して約45度に傾斜させながら、歯の表面をなでるように小刻みに磨きます（写真3-4-10参照）。毎食後が理想ですが、1日1回でもかまいません。

※ガーゼでも歯ブラシでも歯磨きを行うことで唾液を分泌させることは、口腔内の清浄作用があり効果的です。

写真3-4-10

Column

歯石を取るのに麻酔が本当に必要なの？

　犬の歯石除去は多くの場合痛みを伴うため、麻酔下で行うことが一般的です。人では麻酔なんてかけないのになぜ？　と思われる人も多いでしょう。無麻酔で処置してくれる先生のほうがよい先生だと思われることもあります。

　しかし歯石除去は実際に経験すればわかりますが、痛みが伴います。しかもじっとしていないと鉗子やスケーラーなど歯科用の尖った器具などにより歯肉や舌、口腔粘膜などの出血や、エナメル質の損傷（歯石がよけいにつきやすくなる）、歯や顎の骨を折るなどケガをする可能性があります。上顎の奥のほうはじっとしていないと届かない箇所もあり、無麻酔では細かい歯石を含め、やり残しも多く出てくるでしょう。さらに歯石除去の処置には、歯石自体を取るだけでなく、歯石除去後、歯肉炎の処置（歯周ポケットの清浄化）により炎症を緩和させたり、歯の表面の研磨（ポリッシング）を行い、再度歯石をつきにくくさせる必要もあります。ときには抜歯（縫合もあり）など外科的な処置が必要なこともありますが、これは麻酔下でないとできません。

　これらの処置を嫌がる犬を押さえつけながら行うことはあまりにも残酷ですし、このような痛みを伴う行為をすると、歯石除去後の自宅でのケア（歯磨きなど）をさせてくれなくなります。よって痛みや苦痛を伴った、不十分な歯石除去となる無麻酔での歯石除去はできる限り避けるべきでしょう（無麻酔での歯石除去に警鐘を鳴らしている日本小動物歯科研究会では、詳細をHPに公開しているので興味のある方は参考にしてください）。

　しかし無麻酔ですが、麻酔下で行う処置に近いものとして超音波スケーラーを用い、研磨、フッ素コートや歯肉炎処置、在宅ケア指導を行っている病院もあります。もちろん、条件つきで口の中の処置を嫌がらず、歯周病が重度ではない犬限定の場合ということで配慮をしていますが、注意点として麻酔下で行う歯石除去よりは1回での処置では不十分となり、複数回にわたり処置が必要で、ときには飼い主さんに麻酔下での処置を勧めることもあります。

　よって、どうしても体調などにより麻酔をかけられない場合は、これら無麻酔での処置は仕方がありませんが、日本小動物歯科研究会で最も避けるべき方法として言及しているのが、訓練を受けていないスタッフが無麻酔で歯石除去を行うことで、とくに鉗子などで歯面の歯石だけを取る行為です。これにより歯面に傷をつけてしまい、余計歯石がつきやすくなり、最悪の場合は歯を破損してしまいます。よってこれらのような無麻酔での歯石除去をどうしても実施しなくてはならない場合は、飼い主さんにこれらのリスクを説明し納得してもらった上で実施する必要があります。やはり歯科を学んでいる先生ほど、無麻酔での歯石除去は避けているのが実情といえるでしょう。

おしり・お腹まわりの病気

おしり・お腹まわりの汚れや腫れなどをチェック

　おしり・お腹まわりで、変だなと気づく症状に、赤み（肛門自体や肛門周囲、陰部、陰茎）、腫れ（肛門の脇や陰部全体、睾丸）、陰部や陰茎からおりものがある、などがあります。とくにおしりの周囲は毛が長い品種ほど飼い主さんでも気が付かないことが多く、意外に深刻な場合もありますので、トリミング時にしっかりと見つけて動物病院への受診を勧められると信頼度も上がることでしょう。

　これらの原因となる病気としては、肛門の周辺が腫れる場合は、肛門腺の化膿（肛門嚢炎）や会陰ヘルニア、肛門周囲や膣周囲に赤みが出る場合には肛門なら下痢、アレルギー、陰茎なら亀頭包皮炎や排尿障害などがあります。膣からのおりものがある場合は膣炎や子宮蓄膿症、乳腺の異常には乳腺炎、偽妊娠、乳腺腫瘍、睾丸が腫れる場合は精巣腫瘍（反対側は萎縮）、精巣炎（化膿）、陰嚢ヘルニアなどがあります。

未去勢雄・未不妊雌は要チェック

　発情（ヒート）中の雌犬が近くにいる場合は、未去勢雄などが異常に興奮してしまうことがあるので配慮が必要です。また、発情中の雌は微熱があったり、疲れやすかったり、体調が崩れている場合もあるため、できるだけ疲れさせないような配慮をしましょう。

泌尿器・生殖器のつくりと働き

　おしり・お腹まわりに関わる臓器は、主に泌尿器と生殖器です。泌尿器とは腎臓から外尿道口までの部位をいい、尿をつくって体外に出す働きを担っています。よっていずれかの部位に異常が出ると、正常に尿を体外に出しにくくなり、体内に不必要な物質や水分が蓄積したり、必要な物質や水分が足りなくなったりして、生命の危険な状態に陥ることがあります。

　また、腎臓は尿をつくるだけでなく、血液をつくるのに必要なホルモン（エリスロポイエチン）や骨の形成に関わるビタミンD、心臓や血圧を調整する物質（レニン・アンギオテンシン系）なども関わっているので、大変重要な臓器です。

生殖器は、雄と雌でその構造と機能に違いがあります。雄では精巣や前立腺、陰茎、雌では卵巣や卵管、子宮、子宮頸管、膣前庭、膣などを生殖器といいます。精巣は精子を、卵巣は卵子を生産し、各種のホルモン分泌もします。雄犬の性成熟に達する時期は、一般的には小型犬は8～10カ月齢、大型犬は10～12カ月齢といわれています。

　雌犬は、7～8カ月齢で性成熟しますが、繁殖に供用できる時期は10～12カ月齢以上で、発情周期は7～8カ月ごとが多いです。

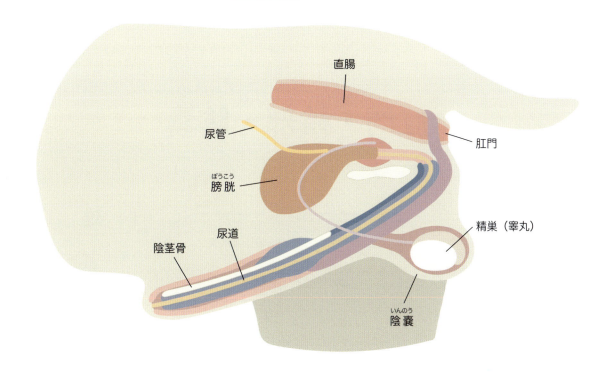

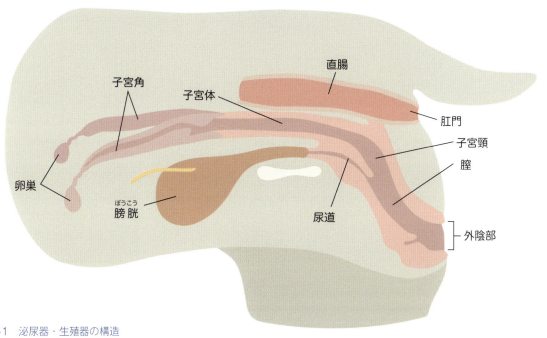

図3-5-1　泌尿器・生殖器の構造

おしり・お腹まわり

異常チェック項目

- □ 赤みやただれ（肛門自体、肛門周囲、膣、陰茎）
- □ 腫れ（臍、内股、肛門の脇、陰嚢）
- □ おりもの（膣、包皮）
- □ できもの（お腹、乳腺、肛門、膣）

肛門・陰部・陰嚢

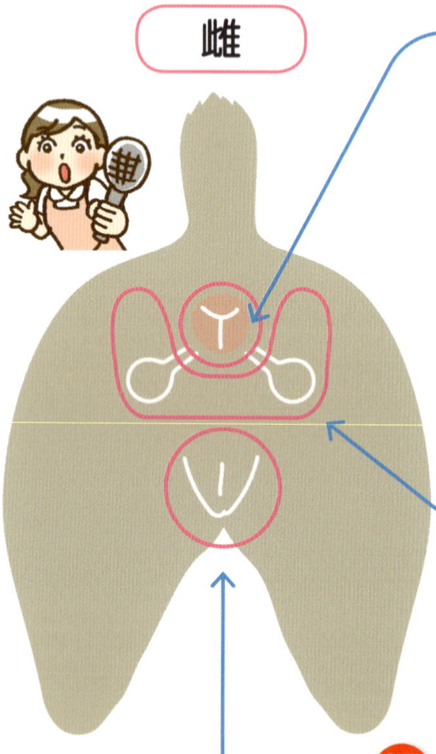

雌 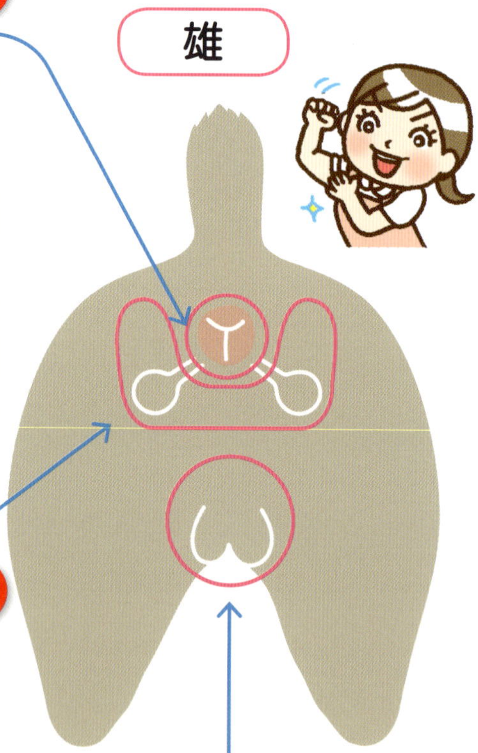 | **雄**

肛門 【疑】

- □ 赤みやただれ＝下痢による炎症、アレルギー性皮膚炎、肛門嚢炎など
- □ 腸が出ている（脱肛）＝下痢によるいきみ、直腸ポリープなど
- □ できものがある＝肛門周囲の分泌腺の腫瘍（ほぼ未去勢の犬で、イボ痔のように血が出ることもあり）など

p.85へ

肛門の周辺 【疑】

※肛門腺周囲
- □ 赤みやただれ＝肛門嚢炎
- □ 濡れている、血が出ている＝肛門腺が化膿して破裂（自壊）（腫れが硬くて痛い）など
- □ 腫れている＝肛門嚢炎（硬くて痛い）、会陰ヘルニア（ほぼ未去勢の犬、やわらかくて痛みはあまりない）など

p.85へ

膣 【疑】

※ほとんどが未不妊雌で発現
- □ 赤みやただれ＝膣炎、アレルギー性皮膚炎（膣周囲）、子宮の病気など
- □ 血尿、おりもの＝膀胱炎、膀胱結石、膣炎、子宮の病気など
- □ できものがある＝膿疱、ポリープなど

p.87へ

陰嚢 【疑】

※未去勢雄に多い
- □ 赤みやただれ（びらん）＝細菌感染、腫れがあれば精巣腫瘍など
- □ 腫れている＝精巣炎、精巣腫瘍、陰嚢ヘルニアなど
- □ たま（陰嚢）が1つまたは2つない＝潜在精巣

p.88へ

図3-5-2　肛門・陰部・陰嚢の異常と考えられる疾患

の異常確認図

乳腺・乳頭・臍（へそ）・陰茎・鼠径

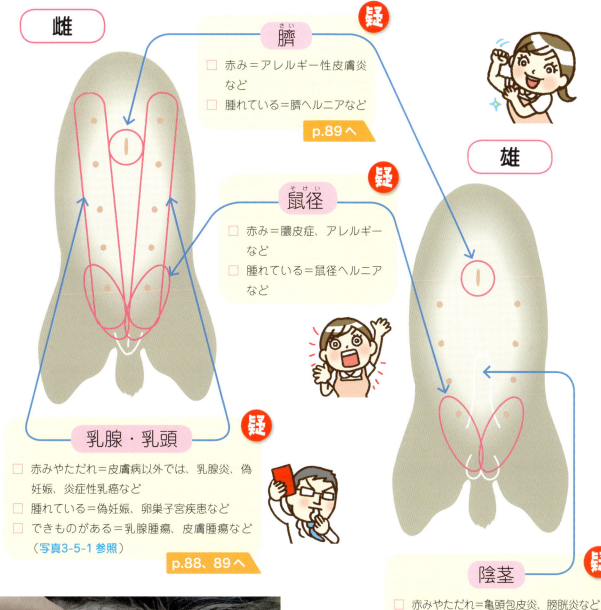

雌

臍 疑
- 赤み＝アレルギー性皮膚炎など
- 腫れている＝臍ヘルニアなど

p.89へ

鼠径 疑
- 赤み＝膿皮症、アレルギーなど
- 腫れている＝鼠径ヘルニアなど

雄

乳腺・乳頭 疑
- 赤みやただれ＝皮膚病以外では、乳腺炎、偽妊娠、炎症性乳癌など
- 腫れている＝偽妊娠、卵巣子宮疾患など
- できものがある＝乳腺腫瘍、皮膚腫瘍など
（写真3-5-1 参照）

p.88、89へ

陰茎 疑
- 赤みやただれ＝亀頭包皮炎、膀胱炎など
- 陰茎が出ている＝膀胱炎、陰茎の環納不良、膀胱結石による閉塞など
- できものがある＝皮膚腫瘍（扁平上皮癌など）

p.87へ

図3-5-3　乳腺・乳頭・臍・陰茎・鼠径部の異常と考えられる疾患

写真3-5-1　乳腺腫瘍と間違えやすい脂肪腫
乳腺に隣接してしこりがあるが、乳腺腫瘍ではなく脂肪腫。

主なおしり・お腹まわりの病気

おしり・お腹まわりで覚えておきたい疾患を以下の表に示します。

表3-5-1　主なおしり・お腹まわりの病気

状態	症状や病気	特徴
肛門の荒れと汚れ	軟便／下痢 p.85	原因には、消化管内の寄生虫（コクシジウム、回虫、鞭虫、鉤虫、条虫など）、細菌やウイルス感染（パルボウイルス感染症など）、アレルギー性腸炎（1歳齢以下からの軟便には食物アレルギーの関与が多い）、慢性腸症、慢性膵炎などがある。
肛門の荒れ、ただれ	肛門周囲炎、肛門嚢炎 p.85	肛門周囲炎には細菌感染だけでなく、アレルギー性皮膚炎もある。
肛門からの出血	下血、肛門嚢破裂、肛門周囲腺の腫瘍 p.85 からの出血	粘液性下痢を伴う出血は大腸炎、下痢してないのにおしりから出血があるなら肛門嚢炎が疑われる。
肛門のできもの	肛門の中：直腸脱、直腸ポリープなど 肛門の外：肛門周囲腺腫・腺癌など	肛門からできものがでてくるようなら炎症性ポリープなどの直腸腫瘍、肛門に腫れ物があれば肛門周囲腺腫・腺癌といった腫瘍が疑われる。
肛門脇の腫れもの	会陰ヘルニア p.85 や 肛門嚢炎 p.85 （化膿）など	肛門の脇でやわらかい腫れもの、便秘または尿の出が悪い（前立腺の腫れが関与）などの症状があれば会陰ヘルニア（未去勢犬に多い）疑い。硬くて痛いなら肛門嚢炎（化膿）や、肛門周囲の腫瘍（未去勢犬に多い）などが疑われる。
肛門の塞がり	鎖肛	先天的に肛門が閉鎖されていて、排便ができない状態。
陰嚢の赤みやただれ	細菌感染や陰嚢の皮膚腫瘍	びらん（皮がむけている状態）の場合に皮膚腫瘍（扁平上皮癌、皮膚型リンパ腫など）の可能性もある。
陰嚢の腫れ	炎症なら精巣炎や陰嚢炎（皮膚炎の場合もあり）、精巣または陰嚢の腫瘍、陰嚢ヘルニアなど	精巣自体が腫れているなら、精巣炎や精巣腫瘍。陰嚢全体が腫れているなら、精巣腫瘍または陰嚢の皮膚の炎症や腫瘍。やわらかく腫れている場合はお腹の中の脂肪や膀胱が入り込む陰嚢ヘルニアなどが疑われる。
包皮の荒れ、腫れ	亀頭包皮炎、包皮の腫瘍など	亀頭包皮炎には膀胱炎や尿道結石、前立腺疾患などが関係することがある。包皮の腫瘍には悪性度の高い扁平上皮癌などがある。
睾丸がない	潜在（停留）精巣 p.88 や陰睾丸	遺伝病。片側だけでなく、両側にないこともある。お腹の中にある場合は精巣腫瘍になりやすいのでできるだけ早めに摘出手術をする必要がある。また、両側の潜在精巣の場合は、精子がうまく育たないので繁殖障害がある。
膣の赤み、ただれ	アレルギー、膀胱炎や子宮疾患の続発した炎症による膣炎／膣の皮膚炎	膣炎／膣の皮膚炎には、子宮からのおりものや膀胱炎などによる尿漏れや残尿感からの舐めによる炎症や、皮膚炎としてアレルギーが関与していることもある。
膣からの血尿やおりもの	膀胱炎 p.87 、 尿路結石 p.87 、 膣炎、子宮蓄膿症 p.88 など	血尿という主訴には2つあり、泌尿器からの出血による血尿か、子宮からのおりものが尿に混ざった血尿かに分類される。泌尿器からの出血による血尿の原因には出血性膀胱炎、尿道閉塞、尿路結石など、子宮や膣からのおりもの混入による血尿には、子宮の病気、血尿のないおりものには、膣炎、子宮蓄膿症などが疑われる。
膣のできもの	膿胞、子宮脱、膣脱、ポリープなどの膣腫瘍など	小さいできものなら感染などによる膿疱、中からカリフラワー状の塊が出ているならポリープなどの膣腫瘍など、粘膜がせり出している場合は子宮脱や膣脱が疑われる。
お腹のできもの	臍なら臍ヘルニア p.89 、乳腺周囲なら乳腺炎（偽妊娠含）、乳腺腫瘍 p.89 、ときに皮膚腫瘍など、内股なら鼠径ヘルニアなど	お腹のできものは部位によって病気が違うので部位の特定が重要。

Step up! ちょっと深読みコーナー ～注意したい病気や症状～

肛門周囲の病気

下痢・血便 〈小腸性と大腸性がある〉

原因・症状 下痢には、中毒やウイルス・寄生虫の感染症などが原因となることの多い小腸性の下痢と、主にストレスや食事、直腸の腫瘍などが原因となることの多い大腸性の下痢（一般的には小腸性の下痢と同じ原因もある）があります。小腸性の下痢は便量は多いですが、排便回数が少なく、血便になるとしたら黒色便です。大腸性の下痢は1回の便量は少ないですが、排便回数が多く、粘液便や血便（鮮血）がみられます。時々、血便の原因に直腸ポリープなどの腫瘍が関与することがあります（写真3-5-2参照）。

治療 原因に対する根本治療が必要ですが、主に対症療法として、内用薬、点滴、食事療法などを行います。

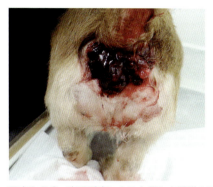

写真3-5-2　直腸腫瘍による血便と直腸脱を呈した犬

会陰ヘルニア 〈会陰部に大腸が飛び出す〉

原因・症状 雄に多く、肛門周囲に発生する大腸（直腸）のヘルニアです。直腸壁を支えている筋肉がホルモン障害や加齢の変化などによって弱まったことにより、その筋肉の支えを失ったことで肛門両脇の会陰部に大腸が飛び出し（肛門脇がふくらむ）、便が出にくくなるため便秘を主訴に来院します（写真3-5-3、4参照）。主に雄に多い理由は不明ですが、解剖学的特徴や雄性ホルモンの低下、前立腺肥大や精巣腫瘍などが関与しているといわれることがあります。

治療 軽度の場合は、便をやわらかくする薬や食事療法ですが、基本的には会陰部の穴を塞ぐ外科的整復が必要です。ときに未去勢雄の場合は去勢手術を実施することもあります。

写真3-5-3　会陰ヘルニア外貌
＜写真提供：鴫原果映先生（オレゴン州立大学）＞

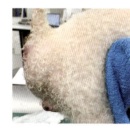

写真3-5-4　会陰ヘルニアの外貌横から（トイ・プードル）
＜写真提供：嶋田竜一先生、秋元沙耶様（ぬのかわ犬猫病院）＞

肛門嚢炎・肛門周囲の腫瘍 〈肛門嚢の炎症や腫瘍〉

原因・症状 肛門周囲の病気には、肛門嚢の病気、肛門周囲の腫瘍があります。肛門嚢の疾患として多いのが、肛門嚢内に細菌が感染し炎症から化膿する肛門嚢炎です（写真3-5-5参照）。その違和感からお尻を床や地面にこすりつけたり舐めたりしますが、化膿が進むと肛門の脇に穴が開き血様の分泌物が排出されることもあります。肛門周囲の腫瘍は、良性の肛門周囲腺腫や悪性の肛門周囲腺癌などがあります（写真3-5-6参照）。

治療 肛門嚢炎の治療は、肛門嚢を絞って分泌液を排出させ、洗浄し、抗菌薬を投与します。肛門周囲の腫瘍の治療は、摘出ですが雄性ホルモンが関わるため、去勢手術も同時に行います。

写真3-5-5　肛門嚢炎

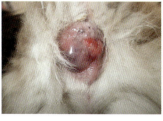

写真3-5-6　肛門周囲の腫瘍

泌尿器の病気

腎臓病
多飲多尿に注意

分類 腎臓病には急性腎臓病と慢性腎臓病があり、急性腎臓病は3つに分類されます。まず、脱水や心臓病（心拍出量減少）により、血液中の栄養が足りないことでおこる腎前性腎臓病、腎臓から尿を流す尿路が結石（尿管結石、膀胱結石、尿道結石など）などで閉塞した場合におこる腎後性腎臓病、そして腎臓に負担のかかる薬物や毒物、感染や腫瘍などにより腎臓自体に障害が出た腎性腎臓病に分類されます。

原因 慢性腎臓病の原因には、糸球体腎炎、アミロイド症、間質性腎炎、腎盂腎炎、腎嚢胞、腫瘍などがありますが、急性腎臓病の進行例もあります。腎臓病の症状は初期は多飲・多尿で、進行すると食欲不振や嘔吐、末期になると神経症状（尿毒症）が出ます。また、尿道に結石がつまる尿道結石の場合は、排尿障害として血尿、努力性排尿、無尿などが発現します。

治療 輸液と胃腸薬、食事療法やリン吸着剤などのサプリメントを処方します。

前立腺疾患
高齢の未去勢雄の膀胱炎は注意

分類 犬の前立腺疾患には良性過形成、前立腺嚢胞、傍前立腺嚢胞、急性前立腺炎、慢性前立腺炎、扁平上皮化生（精巣腫瘍のセルトリ細胞腫の影響）、前立腺腫瘍（移行上皮癌など）などがあります。

原因 5歳齢以上（とくに10歳齢以上）の精巣摘出術（去勢手術）をしていない未去勢の雄犬は、程度の差こそあれ加齢とともに雄性ホルモンのバランスの崩れから前立腺が過形成をおこし大きくなります（図3-5-4、写真3-5-7参照）。加齢の影響である過形成は無症状のことも多いですが、中には排尿障害による膀胱炎・血尿や、便のしぶり（前立腺による直腸の狭窄が原因）をおこすことがあります。

治療 主に去勢手術やホルモン剤の投与ですが、膿瘍や嚢胞、腫瘍などでは外科的な処置が必要なことがあります。

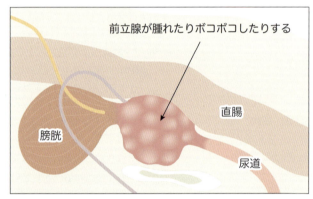

図3-5-4　前立腺肥大の様子

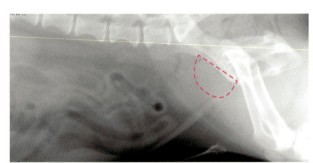

写真3-5-7　肥大した前立腺

尿の色で体調がわかる？

血尿（写真3-5-8参照）や溶血（ワイン色の尿）や黄疸（黄色い尿）といった明らかに尿の色が変われば体調の変化がわかりますが、脱水で濃くなったり、腎臓病で薄くなったりすると尿検査でしかわからない目に見えない血尿があったりすることもあります。よって、色だけで判断するのではなく、におい（薄い尿は無臭、濃い尿は悪臭）、何度も尿をする、陰部を舐める、排尿までに時間がかかるなどの症状も確認することで、病気のサインを見逃さないようにしましょう。

写真3-5-8　血色素尿

生殖器の病気

膀胱炎
尿路感染の一部

原因・分類 膀胱炎は主に尿をつくる腎盂から尿の出る外尿道口までのいずれかの部位で感染をおこした尿路感染症です。原因は、疾患により（前立腺疾患、脊髄疾患など）尿が出にくいことや、免疫力の低下（加齢、ストレス、慢性消耗性疾患、免疫抑制剤の投与）などが考えられます。ときに尿道口の感染である亀頭包皮炎や膣炎などに併発することもあります。ただし、感染がなく原因不明の持続性膀胱炎もあります。

症状 頻尿、濃い尿、血尿などが見られます。また亀頭包皮炎の場合は包皮内に膿が確認されます（写真3-5-9参照）。

治療 原因療法と適切な抗菌薬、消炎剤などの内用薬を用います。

写真3-5-9　亀頭包皮炎
包皮内に膿が認められる。

尿路結石
腎盂、尿管、膀胱、尿道などの石

症状・分類 腎臓の腎盂から外尿道口までのいずれかの部位に結石が存在する病気で、尿管結石は腎盂から、尿道結石は膀胱から流れ込んだものです（図3-5-5参照）。犬の結石の90％は膀胱や尿道に発現します。結石の種類としては昔はリン酸アンモニウムマグネシウム［ストルバイト（写真3-5-10、11参照）］が多かったですが近年ではシュウ酸カルシウム（写真3-5-12参照）が最も多く、その他として尿酸アンモニウム、リン酸カルシウム、シスチン、シリカなどがあります。結石が尿管や尿道に詰まってしまうと腎臓病になることがあります。よって急に陰茎が飛び出して苦しんでいる場合などは、膀胱にあった結石が尿道に流れ落ちた可能性があるので、緊急処置が必要です（写真3-5-13参照）。

治療 内科的には細菌感染が原因または二次的に関与することがあるので抗菌薬の投与と結石溶解用の食事療法ですが、中には溶けない結石もあり、溶けるものでも大きい場合や、尿路で閉塞をおこした場合は外科的摘出が必要なことも多いです。

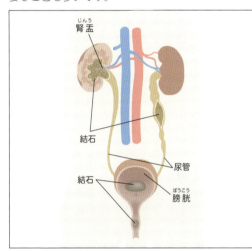
図3-5-5　尿石ができる部位

写真3-5-10　巨大なストルバイト結石

写真3-5-11　1～2cmのストルバイト結石

写真3-5-12　手術で取り出した尿管結石（猫）のシュウ酸カルシウム

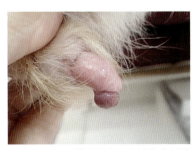
写真3-5-13　排尿障害により陰茎が脱出している

潜在（停留）精巣

6カ月齢を過ぎても精巣が陰嚢に下りない

原因 精巣は、下腹部の下方で陰嚢内に左右1個ずつあります。雄の胎子の発達過程では、精巣は胎子の腹腔内にありますが、正常なものは生まれてから陰嚢内に下降して収まります。しかし中には6～7カ月齢になっても両方または片方の精巣が陰嚢内に下降しないものがあります（図3-5-6、写真3-5-14参照）。両方とも下降しないものは不妊となりますが、片方だけ下降していれば生殖能力はあります。しかし遺伝性疾患なので原則潜在精巣の犬は繁殖に使うべきではありません。

治療 潜在精巣の犬の精巣腫瘍発生率は、正常な精巣をもつ犬の10倍以上だともいわれているので、予防的にも精巣摘出術を行います。お腹の中にある場合は開腹して取り出す必要があります。

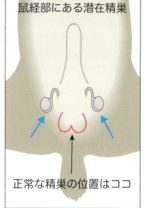

図3-5-6　潜在精巣の位置

写真3-5-14　鼠径部(そけい)にある潜在精巣の位置

偽妊娠

妊娠していないのに妊娠時と似たホルモンを分泌

原因 偽妊娠とは、生理的な作用で発情後妊娠*していないのに妊娠時に似たホルモン支配（プロラクチンが高濃度に分泌）がおこり、発情後30日を過ぎると妊娠犬のように乳腺が発達し、45～60日くらいすると乳汁を分泌したり（写真3-5-15参照）、妊娠時と同じような行動（巣作り行動など）をしたりすることがあります。

治療 治療は必要ありませんが、状態によりホルモン療法や手術をすることもあります。また、乳腺の発達は乳腺腫瘍の発生率を上げる可能性が懸念されているため、早期に卵巣・子宮全摘出術（不妊手術）を行う必要があります。＊通常の妊娠期間は58～64日。

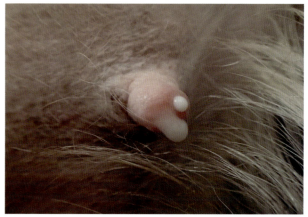

写真3-5-15　偽妊娠による乳汁排出

子宮蓄膿症(ちくのう)

子宮内に膿がたまる病気

原因・症状 子宮蓄膿症は、子宮内に膿液が貯留する病気で、主に出産経験のない犬に多くかかります。発情期にプロゲステロンというホルモンが出ているときになりやすく、その発情中に肛門または外陰部から子宮内に細菌（主に大腸菌）が侵入（感染）すると、発情期が終了してから約60日以内に発症することが多いです。症状は、典型的なものとして食欲不振、多飲・多尿、嘔吐、腹部の膨満(ぼうまん)と下垂、外陰部の腫大（発情時もあり）、膣からの分泌物（主に悪臭のある膿）の排出がありますが、子宮頸管が閉鎖している場合は膣からの分泌物は出ず、子宮内に大量の膿がたまると重度な腹囲膨満および下垂になります。

治療 抗菌薬の投与以外では、子宮収縮剤で膿を排出する方法もありますが、子宮頸管が閉鎖し排膿していない犬では禁忌です。経過を見すぎたために敗血症となり命を落とす場合もあるため、一般的には膿がたまった子宮を摘出すること（卵巣・子宮全摘出術）が治療法の第一選択になります（写真3-5-16参照）。

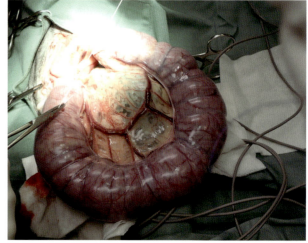

写真3-5-16　膿の貯留により拡大した子宮

お腹まわりのしこりの病気

乳腺腫瘍
不妊手術で予防できる乳腺のしこり

乳腺腫瘍を脂肪腫と誤って認識していることがあるので注意しましょう。

原因 病因は不明ですが、遺伝子の変異や癌抑制遺伝子の関与によるものが大きいといわれています。しかしながら初回の発情前に不妊手術を行った犬の乳腺腫瘍の発生率は0.5％ときわめて低く、2回目以降では26％と高率であることからホルモンとの関連性が考えられています。

症状 乳腺の周辺に"しこり"ができます（写真3-5-17参照）。そのしこりは大小さまざまで、中型犬などで人の小児の頭くらいまで増大するものもあります。まれですが炎症性乳癌という悪性度の高い乳癌もあり、発赤や硬結、および浮腫を呈して疼痛を伴い皮膚炎と誤診することもあるので注意が必要です。

分類 犬の乳腺は、左右に5つで計10の乳房があり、リンパ管と血管が複雑に関与しています。犬の乳腺に発生する腫瘍は約50％が良性腫瘍で、50％が悪性腫瘍といわれていましたが、近年は良性が多いといわれています。

治療 治療の第一選択は腫瘍の摘出です。摘出方法は全乳腺切除、片側乳腺切除、部分または単一切除ですが、いずれを選択するかは発生部位や病態、犬の状態によります。

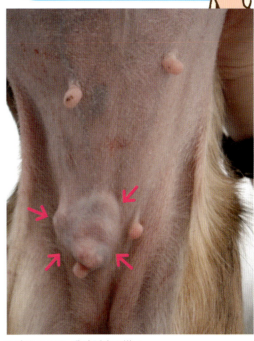
写真3-5-17　乳腺腫瘍の様子

臍ヘルニア
出たり引っこんだりする出べそ

原因 臍とは「へそ」のことで、へその部分が膨らんで、いわゆる「出べそ」の状態のことをいいます（写真3-5-18参照）。ヘルニア部分が小さければ、出べそ以外の症状は認められませんし、子犬であれば成長とともに閉鎖することもあります。出べそが大きいと出べそが出たり引っこんだりします。臍ヘルニアは先天性におこりますが、そのほとんどの原因は明らかではありません。エアデール・テリア、バセンジー、ペキニーズなど一部の品種では、遺伝が関与していると考えられています。

治療 6カ月齢を過ぎても臍ヘルニアがあり、とくにヘルニア部分が大きい場合は、そこに脂肪や大網だけでなく、ときに腸管の一部が入り込むことがあります。それが元に戻らなくなると、腸が閉塞をおこしたり、締め付けられて血行が滞ったりして腸が壊死するため、迅速な手術が必要です。

注意点 トリミング中に臍ヘルニアが大きくなり、痛みを伴う場合は腸管の脱出が疑われるので、その場合はすぐに動物病院を受診しましょう。

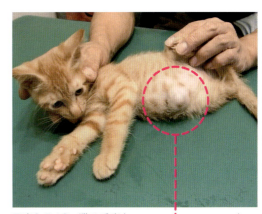
写真3-5-18　猫の重度な臍ヘルニア

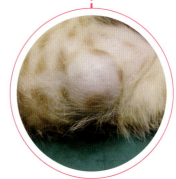

足先・膝・腰まわりの病気

足先・膝・腰まわりの異常は場所を特定し、痛みに注意

　足先の異常は複雑で、パッドや足の甲、趾間の皮膚、爪、手根・足根関節の異常などがあるので、どの部位の異常かを見分ける必要があります。犬はこれらに異常があると執拗に舐めたり、おかしな歩き方をしたり、片足立ちでピョンピョン跳ぶ（跛行）こともあります。原因としてはパッドの外傷、ストレス、爪や関節の異常などが挙げられます。足の甲のかゆみや趾間の赤みが伴う場合には、アレルギーや異物も考えられます。敏感な犬は痛みにより、ときに攻撃的になることもあるのでトリミング時は注意しましょう。また、何らかの異常がある皮膚にクリッパー（バリカン）を入れると炎症や出血をおこす可能性もあるため、安易に行わず、まずは状態を確認して実施してよいかを判断しましょう。

　膝や腰まわりの病気には、主に遺伝的な素因が関係する膝蓋骨脱臼（小型犬に多い）や股関節形成不全（大型犬に多い）、椎間板ヘルニア（ミニチュア・ダックスフンドに多い）などがあります（表3-6-1 参照）。これらの病気の犬は、トリミングで痛みを訴えることが多く、訴えなくてもトリミング後に症状が悪化して、トラブルに発展することもあるので、トリミング前に飼い主さんに体調だけでなく既往歴を聞き、その異常部位を傷めないような配慮が必要です。

　また、骨や関節、靭帯の病気ではありませんが、歩様異常を呈する病気として耳と脳の病気があります。耳の病気には外耳炎、中耳炎、内耳炎に関わる前庭疾患（耳の病気の項参照）が、脳の病気にはてんかん、水頭症、小脳障害、脳炎、骨髄炎などが知られています。これらの歩様異常が認められたら、もちろんトリミングは中止するべきです。

表3-6-1　筋・骨格系・脳・脊髄の病気にかかりやすい犬種

筋・骨格系・脳・脊髄の病気にかかりやすい犬種	
膝蓋骨脱臼	日本ではチワワ、トイ・プードル、ポメラニアン、ヨークシャー・テリア、パピヨン、キャバリア・キング・チャールズ・スパニエルなど。
股関節形成不全	ラブラドール・レトリーバー、ゴールデン・レトリーバー、バーニーズ・マウンテン・ドッグ、ジャーマン・シェパード・ドッグ、セント・バーナード、ボーダー・コリーなど。
椎間板ヘルニア	ミニチュア・ダックスフンドやペキニーズなど。
特発性てんかん	ビーグル、シベリアン・ハスキー、シェットランド・シープドッグ、ラブラドール・レトリーバー、ジャーマン・シェパード・ドッグなど。
水頭症	チワワ、マルチーズ、ポメラニアン、パグ、ペキニーズ、ミニチュア・ダックスフンドなど。

足先・膝・腰まわりのつくりと働き

　足先に関わるものは、趾間の皮膚や爪、膝・腰まわりに関わるものは主に骨格と関節、一部の靱帯です。膝には膝蓋骨や膝関節、前十字靱帯＊が、腰まわりは背骨や骨盤の骨の寛骨（腸骨、坐骨、恥骨）、大腿骨、股関節が関わってきます。下の図を見ながら足先、膝、腰まわりの骨格と関節を覚えておきましょう。

＊前十字靱帯は、p.98「膝蓋骨脱臼」の項参照。

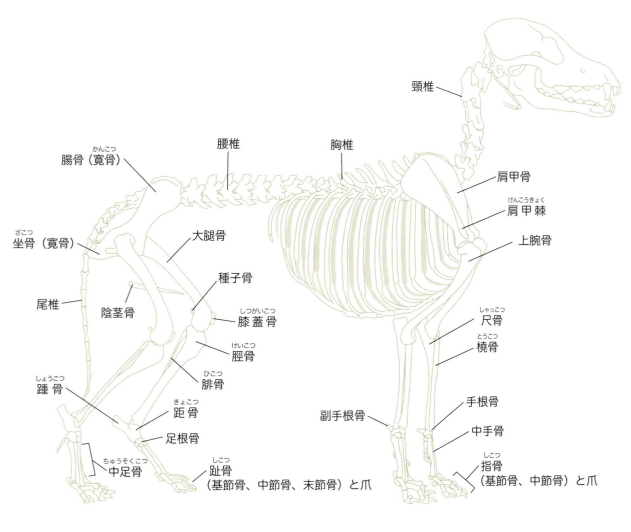

図3-6-1　骨格図

足先・膝・腰まわりの異常・

異常チェック項目

- ☐ 跛行（はこう）
  （変な歩き方、片足立ちでピョンピョン跳ぶ、足を上げっぱなし）
- ☐ 痛み
  （抱くとキャンと鳴く、背中をなでると嫌がる、寝起きにもたつく）
- ☐ 腫れ、できもの
- ☐ 赤み
- ☐ 脱毛
- ☐ 爪がおかしい

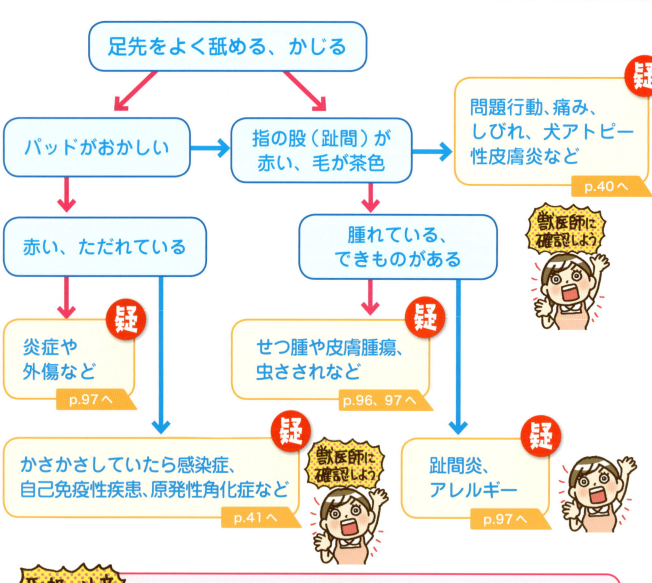

- 足先をよく舐める、かじる
  - パッドがおかしい
    - 赤い、ただれている
      - 【疑】炎症や外傷など → p.97へ
      - かさかさしていたら感染症、自己免疫性疾患、原発性角化症など → p.41へ
  - 指の股（趾間）が赤い、毛が茶色
    - 腫れている、できものがある
      - 【疑】せつ腫や皮膚腫瘍、虫さされなど → p.96、97へ
    - 【疑】趾間炎、アレルギー → p.97へ
  - 【疑】問題行動、痛み、しびれ、犬アトピー性皮膚炎など → p.40へ

獣医師に確認しよう

取扱い注意

まったく後ろ足が立たないという犬はトリミングには来ないと思いますので、そういった例はチャートには入れてません。しかし、もし遭遇した場合は椎間板（ついかんばん）ヘルニアや骨折、血腹（けっぷく）（お腹の腫瘍（しゅよう）の破裂）などのように救急の治療が必要なので動物病院へ搬送してください。ただし、病気の後遺症で以前から腰が立たないという場合は獣医師と相談しながらのトリミングはOKです（p.94参照）。

危険度確認チャート

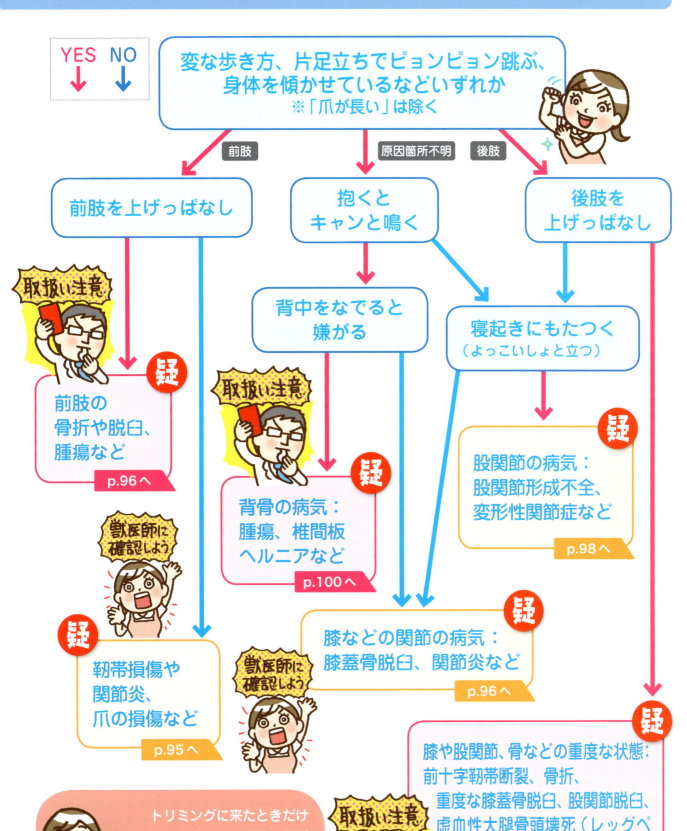

跛行している犬のトリミング時の注意点

　足先をひっくり返しても自分で戻せない状態を**ナックリング**といい、跛行している犬の中で、椎間板ヘルニアなど神経疾患で多く見られます。また、そうしたナックリングのない跛行は主に関節や骨の病気で、多発性関節炎やリウマチ、遺伝的な素因の足の変形（シー・ズーなどに多い）、重度で慢性化した膝蓋骨脱臼（写真3-6-1、2参照）や前十字靱帯断裂などがあり、足はO脚やX脚になっていることがあります。急にこうした状態になった犬のトリミングはもちろん中止ですが、病気の後遺症で以前からこうした状態の場合はトリミングを実施してもかまいません。

　しかし、きれいにトリミングすることは大切ですが、トリミング後に立てなくなったり、病気が悪化することがないように注意することが最も大切なことです。そのため、飼い主さんへはあらかじめ**「無理はしない」**ことを伝え、悪化する場合があることについて同意を得ておきましょう。

●足が滑らないような素材の上でトリミングを行います。滑らない素材としてはタオルでもかまいませんが、タオルは滑ったり、足に絡んだりする可能性があるのでしっかりと両端を固定するなどの工夫が必要です。シャンプー時には濡れても問題のない**ヨガマットやお風呂マット**などが滑らず、足にも絡まないためお勧めです。カットのときは犬用ベッドを使うのも良いでしょう（写真3-6-3～5参照）また、ケージ内に滑らないように設置したスノコで指や爪を引っかけないように注意してください。

●とくに背骨や腰など後肢が悪い犬の場合は、カットやシャンプーのときに2本足で立たせることは後肢に負担がかかるため避けましょう。やむを得ず行う場合は、**後肢の下にヨガマットやお風呂マットを敷く**などして滑らないように支えます。

●排尿や排便がうまくできない犬は汚れやすいので、トリミングでは飼い主さんの同意を得て**陰部周辺の毛は短くカット**しておきましょう。また、トリミング後はすぐにおむつをはかせるなど、できるだけ汚れないように配慮する必要があります。

写真3-6-1 膝蓋骨内方脱臼の外観
＜写真提供：原 康先生（日本獣医生命科学大学）＞

写真3-6-2 膝蓋骨内方脱臼で両側後肢の伸展が困難な犬
＜写真提供：是枝哲彰先生（藤井寺動物病院・人工関節センター）＞

写真3-6-3 犬用ベッドを利用した高齢犬（トイ・プードル15歳、リウマチにより起立不能な状態）の爪切り

写真3-6-4 高齢犬の足裏にクリッパーをかけている様子

写真3-6-5 高齢犬に耳掃除を行っている様子
写真3-6-3～5は、＜写真提供：天野雅弘先生（中央動物専門学校）＞

爪の異常が病気発見のヒントになることもある

　足先・膝・腰まわりに異常が考えられるとき、爪の削れ方もチェックしてみましょう。一部だけ爪が削れている、両後肢の爪の背側面がすべて削れている、などが見つかれば跛行や麻痺などが疑われるのでトリミングのときに気がついたら飼い主さんに伝えましょう。また、そのような犬の爪の切り方には注意が必要です。

●爪が長すぎる（写真3-6-6参照）→歩きにくくなったり、爪が折れたりしやすいです。
●爪の一部が削れている、血が出る（写真3-6-7参照）→爪の切りすぎ、暴れた、引きずったなどがなければ異常な歩行を呈する椎間板や股関節などの病気を疑います。とくに後肢のみが多く、爪が削れるだけでなく、皮膚の脱毛なども認められたり（写真3-6-8参照）、患部の足の筋肉が少なかったりする場合もあります。
●爪の根元が腫れている→巻き爪（写真3-6-9参照）、腫瘍や爪囲炎（そういえん）が考えられます。

写真3-6-6　長い爪（狼爪）のため、歩きにくい

写真3-6-7　爪の損傷
爪が折れて流血している。

写真3-6-8　指の皮膚の脱毛
不全麻痺の症例で足を引きずって歩くために爪が削れ、指の皮膚が脱毛している。

写真3-6-9　巻爪がパッドにくい込んでいる状態（猫）

主な足先・膝・腰まわりの病気

　足先・膝・腰まわりの病気では、どの部位に異常が見られるかを特定することが大切です。痛み（片足を上げる、さわると嫌がる）・汚れ・ただれ・腫れ・できものなどの主な症状を以下の表にまとめました。

表3-6-2　主な足先・膝・腰まわりの病気

種類	原因と病気	トリミング時の注意点
指の股（趾間）の赤み p.97	指の股の赤みを趾間炎という。1本の足なら感染や異物、外傷などが疑われ、2本以上の足ならアレルギーなどを疑う。	クリッパーなどによる刺激や、炎症を悪化させないよう熱をもたせないようにすること。
足先のできもの p.97	できものには、腫瘍と腫瘍でないものがある。足先の腫瘍には悪性のものもあり断指や断脚する場合もある。腫瘍でないものには指先にできるやわらかいできもののせつ腫がある。せつ腫はノギなどの異物の混入や皮膚病の自咬で発症することが多い。	できものの中には血が止まりにくいものもあるので傷つけないようにする。
パッドの病気 p.97	パッドがただれている、または皮がむけているなら散歩中などに引っぱられたことによる外傷ややけど（夏場に多い）が疑われる。パッドが腫れているなら異物混入による化膿や、腫瘍などが疑われる。また、パッドの異常角化（硬くカサカサしている）の場合には、加齢に伴う角化亢進が主に考えられるが、感染症や腫瘍もある。	トリミング中やその後には、ワセリンなどパッドに保護するものを塗布、または保護するものを巻く。
爪の病気	爪が長すぎることによる爪の損傷（外傷）、主に脊椎や股関節などの病気による異常歩行が原因でおこる爪の過剰な削れ、ジクジクした分泌物が出るものには爪カビ（爪真菌症）や細菌の感染（爪囲炎）、硬いできものがあるなら爪の腫瘍が疑われる（悪性が多い）。	出血していたら止血し、靴下など何らかで足先を保護する。
骨の病気	骨折や骨髄炎（細菌やカビ）、腫瘍（骨肉腫など）があるが、いずれにせよ強い痛みと腫れ、跛行がある。	強い痛みがある場合はトリミング中止。
股関節の病気	大腿骨骨頭の異常［股関節形成不全 p.98 、虚血性大腿骨頭壊死（レッグペルテス病）など］、股関節の関節炎（変形性関節症など）。症状は跛行。	2本足で立たせない、滑らせないなどの配慮必要。
背骨の病気	「抱くとキャンと鳴く」という主訴で最も多いのが脊椎の病気。脊椎の病気には、椎間板ヘルニア p.100 、脊椎・脊髄腫瘍、馬尾症候群、脊椎炎などがある。	2本足で立たせない、滑らせないなどの配慮が必要。
膝の病気 p.98	膝蓋骨脱臼という膝の皿が主に内側の方向へ脱臼する遺伝性の病気。抱いたり、または、何にもしていないのに一人でキャンと鳴いて跛行するなどの主訴が多い。膝蓋骨脱臼が重度になると、膝の関節内で骨を支えている前十字靭帯が断裂におよぶ犬もいる。なお、前十字靭帯断裂になるとずっと足を上げっぱなしになることが多い。	2本足で立たせない、滑らせないなどの配慮必要。前十字靭帯断裂が強く疑われたらすぐに中止。
関節の病気	単に傷めたという関節炎もあるが、一般的には関節の病気とは、足の変形や関節の腫脹のある多発性関節炎やリウマチなど重篤な関節炎のことが多い。ときに前十字靭帯断裂に併発することがある。	痛みが重度な場合はトリミング中止。
足の変形	成長期の大型犬や、シー・ズー、ヨークシャー・テリアで変形時に痛みが認められることがある。また、後肢のX脚は慢性の重度な膝蓋骨脱臼なども疑われる。	2本足で立たせない、滑らせないなどの配慮が必要。
脳の病気 p.99	脳の病気で、トリミング中に歩行異常や発作を呈する可能性のあるものに、てんかんや水頭症、脳炎などがある。	歩行異常や発作がおきたらすぐに動物病院へ搬送する。

Step up! ちょっと深読みコーナー
〜注意したい病気や症状〜

足先の病気
外傷や感染症、アレルギーなどさまざま

原因・分類 パッドの外傷、足の甲のかゆみや指の股の赤みは虫さされやアレルギー、異物混入、ストレス、爪や関節の異常などが考えられます。指の股の赤みを趾間炎（写真3-6-10、11参照）、いずれにしても1本の足なら感染や異物、外傷などが疑われますが、2本以上の足ならアレルギーが疑われます。とくに犬アトピー性皮膚炎では足の甲のかゆみがあり、かゆみのために脱毛することがあります（写真3-6-10〜12参照）。そのかゆみの延長で問題になるのがせつ腫（指の股の水ぶくれ）であり、そのせつ腫はかゆみ以外ではノギなどの異物の混入でも発現します（写真3-6-13参照）。寄生虫やアレルギーなどで足先を舐めて皮膚炎をおこす肢端舐性皮膚炎もあります（写真3-6-14参照）。足先（指や爪）の腫瘍には悪性のものもあり断指や断脚する場合もあるので、トリミングで見つけたら大きさに関係なく動物病院の受診を勧めましょう（写真3-6-15参照）。パッドがただれている、または皮がむけているなら散歩中などに引っぱられたことによる擦過傷ややけど（夏場に多い）が疑われます（写真3-6-16参照）。パッドが腫れているなら異物の混入による化膿や、腫瘍などが疑われます（写真3-6-17参照）。また、パッドの異常角化（硬くカサカサしている）の場合には、加齢に伴う角化亢進がありますが、子犬では犬ジステンパー（ハードパッドと呼ぶ）や皮膚型リンパ腫、自己免疫性疾患など重篤なものもあるので注意が必要です。

治療 原因により治療は異なりますが、主に鎮痛消炎薬や消炎薬を処方します。最も重要なのは、安静にするなど負担のかからない管理です。

写真3-6-10　アレルギーによる趾間炎

写真3-6-11　趾間炎

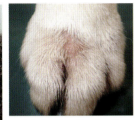
写真3-6-12　足の甲のかゆみ

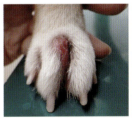
写真3-6-13　せつ腫

写真3-6-14　肢端舐性皮膚炎

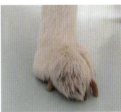
写真3-6-15　指先の腫瘍（肥満細胞腫）
＜写真提供：三村賢司先生（みむら動物病院）＞

写真3-6-16　パッドの外傷
パッドの皮が脱落している。

写真3-6-17　パッド腺癌

Topic

犬の痛みはわかりづらい

飼い主さんに聞くと自宅では跛行はあるが、「鳴かないので痛くないと思う」、または「ここに来たら跛行が治った」といわれることがあるでしょう。しかし犬（とくに小型犬）は痛みに対して強く、トリミングサロンに来ているような興奮状態だと痛みを忘れてしまいます。犬が痛みで悲鳴を上げるのは、神経質な犬を除いて、骨折や脱臼など、かなり重症な場合か神経疾患のときなので、跛行をしている場合は、強い痛みがあると思って対応する必要があります。

筋と骨格系の病気

膝蓋骨脱臼
膝のお皿がずれる

原因 後肢の膝関節にある膝蓋骨（膝のお皿）が、滑車溝（お皿がのっている溝）が浅いことにより、内側（小型犬）や外側（大型犬）にずれる病気（図3-6-2参照）で、ほとんどが小型犬、先天性（ときに外傷性）で、両側性です。先天性の場合は早ければ1～2カ月齢から発症します。脱臼は内方が多いです。

症状 症状は重症度によって違いますが、走っていて急に後肢を上げる、突然後肢を後ろに伸ばす、抱えたときなどに膝がコキンと鳴るまたは感じる、ソファやベッドなどの家具の昇り降りができなくなる、などがあります。診断は触診である程度可能ですが、X線検査を実施します。

治療 軽度であれば鎮痛剤や安静、関節サプリメントなどの内科療法が選択されることもありますが、基本的には前十字靭帯断裂*（図3-6-3参照）や骨の変形が出る前に滑車溝を深くする手術などが推奨されています。

＊前十字靭帯断裂：膝関節内にある大腿骨と下腿骨をつなげている靭帯が断裂する病気。大型犬や肥満犬に多く、小型犬では膝蓋骨脱臼に続発して発症することもある。膝関節の跛行の25～41％が前十字靭帯の部分断裂といわれている。

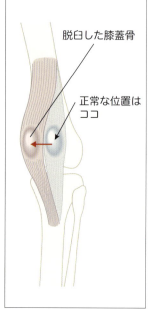
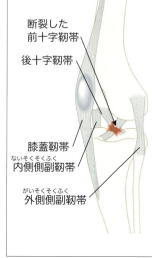

図3-6-2　膝蓋骨脱臼の模式図　図3-6-3　前十字靭帯断裂の模式図

股関節形成不全
股関節が変形する

原因 股関節は、通常、ボール状の大腿骨骨頭が、寛骨臼と呼ばれる骨盤のカップの中に収まっています（写真3-6-18参照）。股関節形成不全の犬は、股関節の緩みが強いため、カップ状の寛骨臼が浅くなり、ボール状の骨頭がしっかり収まらなくなった結果、関節が不安定になります（写真3-6-19参照）。そのため寛骨臼と大腿骨骨頭はゴツゴツとこすれ、関節軟骨や靭帯に損傷がおこります。この結果、亜脱臼や変形性関節症（関節炎、写真3-6-20参照）が両側（93％）におこります。原因は約70％が遺伝的要因で、30％は環境要因といわれています。環境要因は、肥満や運動負荷（滑りやすい床や激しい運動など）です。

症状 軽度から中等度であれば症状は出ませんが、腰をフラフラと左右に振って歩幅の狭い歩き方、走るとウサギ跳びになる、寝起きにもたつく（伏せたり寝ている状態から立ち上がるときにスピードが遅くぎこちない）、散歩の後半になると疲れる、段差を嫌がるようになった、後肢の筋肉のつきが悪い、腰の上に手を当てると骨張っていたり、腰の部分が平たくおしりに向かって幅広になるなどがあります。重度になると痛みや後肢の重度な筋肉の萎縮から歩行困難となります。診断は触診での後方牽引による痛みや視診での片足での負重の弱さの評価とX線検査で行います。

治療 主に鎮痛薬や関節に効果のあるサプリメントなどを処方。関節炎の進行をできるだけ抑えるために体重の管理や環境整備、負担がかからない適度の運動などの保存療法を行いますが、10％ほどは手術が必要なこともあります。

※股関節形成不全に類似する疾患として、成長期の小型犬に多い大腿骨頭が壊死する虚血性大腿骨頭壊死（レッグペルテス病）がある。また、前肢の跛行の原因には股関節形成不全同様、遺伝的要因で、成長期の大型犬に多い肘関節形成異常もある。

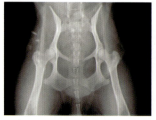
写真3-6-18　正常な股関節

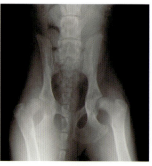
写真3-6-19　股関節形成不全

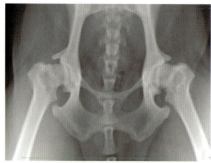
写真3-6-20　股関節形成不全に続発した変形性関節症

脳と脊髄の病気

脳や脊髄の異常は歩行異常となる

　脊髄の病気は足先・膝・腰まわりの病気といえますが、脳は含まれません。しかし脳と脊髄は中枢神経と呼ばれ、それぞれ頭の骨（頭蓋骨）と背骨（脊椎）で囲まれています。脳や脊髄は部位によって機能が特殊化されており、病気により障害される部位や範囲によって症状が大きく異なりますが、主に足がうまく動かない、歩けないなどの症状がでます。

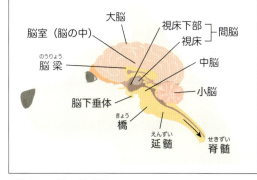

図3-6-4　脳の模式図

脳の種類と働き	
大脳	記憶、感情、思考、随意運動など
小脳	運動の調節、平衡感覚の中枢など
間脳（視床・視床下部）	体温や体液などの調節、嗅覚以外の感覚神経の中継点など
中脳	姿勢保持、目の動きや瞳孔の調節など
延髄	呼吸、心臓の動きの調節、唾液分泌や飲み込み、咳などの反射など
橋	延髄とともに呼吸、循環などの反射、左右の小脳の連絡通路など
脳室	脳の中の空間があり脳脊髄液で満たされ脊髄へと連絡している

● てんかん

大脳の神経細胞が異常に興奮

症状　さまざまな原因により大脳神経細胞が異常興奮することで生じ、発作を反復する病気です。その症状はさまざまで、意識を失い全身の痙攣を引きおこすもの、痙攣と脱力を繰り返すもの、四肢をバタバタさせるものなど全身に現れるものだけでなく、顔面の筋肉や1本の足だけ筋肉が動くものなど部分的に症状が現われるもの、さらに飛んでいるハエを捕らえようとするかのように空中を噛むような異常行動が見られるものもあります。

分類　脳内に、腫瘍や炎症、奇形など、明らかな形の変化を認めるものを「症候性てんかん」といい、そのような病変がないものを「特発性てんかん（遺伝性が多い）」といいます。診断は一般検査や神経学的検査などで除外診断を行った後、MRIや脳波検査などの高度医療機器で確定診断をしますが、診断がつかないことが多いです。その場合の犬の発作は、「原因不明のてんかん」か、てんかんの発作と類似するものという意味で「てんかん様発作」といわれることがあります。

治療　発作のコントロール目的に抗てんかん薬が使われます。

てんかん発作が出てしまったら？

　てんかん発作は、頭を強打するなどの外傷以外では命を落とすことはほとんどありません。通常であれば発作は数分で治まるので、あわてず大きな声など上げず静かに（大きな声や音が発作刺激になることがあります）落ち着いて発作が治まるのを待ちましょう。ただし、痙攣中に頭などをぶつけないように小型犬なら抱いて、大型犬なら頭部だけ抱えながら待つのもよいでしょう。

　また、発作が治まったとしてもトリミングでの緊張や興奮、お湯などで体温を上昇させることなどは再度発作が出る危険性もあるため、トリミングはすぐに中止し、飼い主さんに連絡しましょう。

　もし数分で治まらない発作の場合や繰り返し発作が出ている場合は、てんかん重積といって重篤な発作の可能性があるため、すぐに動物病院に搬送してください。

● 水頭症

脳脊髄液が脳を圧迫する

原因　脳と脊髄は、硬膜、くも膜、軟膜という3層の髄膜と呼ばれる膜で覆われています。脳の中には、脳室という脳脊髄液という液体で満たされた空間があり、脊髄へ連絡しています。この脳脊髄液が必要以上に増加したり、流れの途中でせき止められて脳室や髄膜の隙間が拡張することで脳を圧迫してしまう病気です。脳が圧迫されることで脳の構造や機能に障害がおこり、さまざまな症状が出ます。原因は主に遺伝（p.90表3-6-1参照）ですが、腫瘍や炎症などによる後天的なものもあります。

症状　落ち着きがない、しつけが困難、不活発などといった知能や行動の異常、旋回運動や歩様の異常、てんかん発作、視覚障害などがあります。遺伝の例では、外貌にも特徴が現れ、丸いドーム型の頭、両眼の下向きで外側の斜視（腹外方斜視）が認められます（写真3-6-21参照）。診断はCTやMRIといった画像診断機器などで行われます。

写真3-6-21　水頭症で斜視がある

治療　脳内の圧力を低下させる薬剤などによる内科的治療や、チューブなどを設置する外科的治療があります。

椎間板ヘルニア

ダックスフンドやペキニーズの遺伝病

原因 背骨（脊椎）は、脊髄を取り囲み、これを保護する働きをもちます。犬の脊椎は頸部（頸椎）7個、胸部（胸椎）13個、腰部（腰椎）7個、骨盤と結合する仙骨3個、尻尾（尾椎は犬種により数が異なる）からなり、そのほとんどの脊椎と脊椎との間に椎間板があります。椎間板は、弾力のある線維が同心円を描き、その中心部に髄核と呼ばれる物質を備えます。脊椎の働きにより、椎間板に力が加わり、椎間板の線維が変形したり、髄核が飛び出すことにより、脊椎内にある脊髄を傷害させる病気です。好発する犬種は若齢から椎間板が軟骨のようになり、弾力を失ってハンセンⅠ型を発症するため軟骨異栄養性犬種と呼ばれ、主にダックスフンドやペキニーズが知られています（写真3-6-22参照）。

症状 発症部位と傷害の程度によって異なりますが、抱っこすると「キャン」と鳴く、跛行など痛みだけの場合や、歩様自体に異常（ヨロヨロする）が出たり、重度な場合は障害を受けた脊髄より後ろの感覚や運動機能の消失（後肢が完全に麻痺し前肢だけで歩く）、排尿機能の消失（尿を自力で出せない）などさまざまです。

分類 椎間板ヘルニアには2つの型があり、髄核がまわりの線維から飛び出したものをハンセンⅠ型といい、線維が変形して膨らんだものをハンセンⅡ型といいます（図3-6-5参照）。

治療 内科的治療と脱出した椎間板を摘出する外科的治療があります。

注意点 トリミング時は、腰に負担がかからないように、滑らないこと、2本足で立たせないこと、などの配慮が必要です。

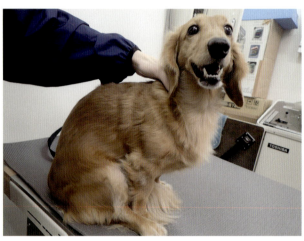

写真3-6-22　椎間板ヘルニアで不全麻痺のあるダックスフンド

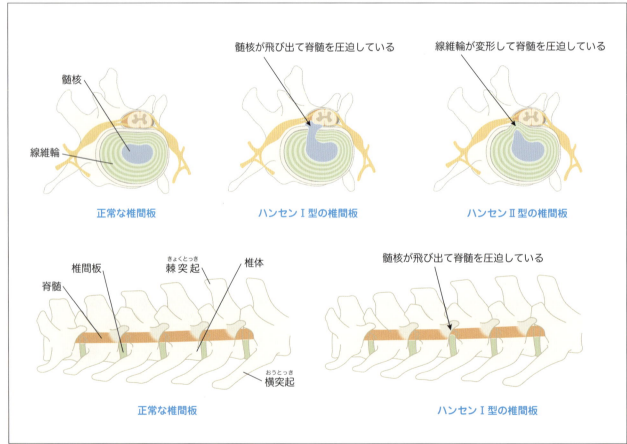

図3-6-5　椎間板ヘルニアの模式図

第4章

トリマー・ペットショップスタッフ必須の基礎知識

1. シャンプーの基礎知識 ---------- p.102
2. トリミングサロン・ペットショップ内の正しい清掃・消毒方法の基礎知識 ---- p.114
3. ワクチンの基礎知識 ---------- p.118

シャンプーの基礎知識

薬用シャンプー剤の種類と働き

　トリミングで使用するシャンプー剤は、仕上がり具合や香りなどを基準にして選択することが多いのではないでしょうか。皮膚の状態が健常な犬に用いるシャンプー剤は、被毛の健康状態を保つための『ヘアケア』を目的としたものを使用し、あぶら症の場合はクレンジング系のシャンプー、乾燥肌には保湿系のシャンプーやリンスなど使い分けると思います。

　ここでは、動物病院において皮膚病の犬に使われているいわゆる薬用シャンプー剤について解説します。

病的状態の改善を目的に使用

　薬用シャンプー剤は『皮膚のケア』つまり、皮膚の病的状態の改善を目的として使用するため、それぞれの皮膚状態に合った適切なシャンプー剤を使用する必要があります。一般的にシャンプー療法に用いられるシャンプー剤はおおまかに分類すると、「ベタベタ・あぶら症の皮膚用」のサリチル酸、過酸化ベンゾイル、二硫化セレンなどを配合したシャンプー、「フケっぽい皮膚用」にはフケ（角質）溶解作用や毛包洗浄作用のあるサリチル酸や過酸化ベンゾイルなどを配合したシャンプー、膿皮症や皮膚糸状菌症などの感染症に対する「細菌・真菌（カビ）感染用」のクロルヘキシジン、ミコナゾール、乳酸エチル、イオウやヨードなどを配合したシャンプー、主にアレルギーに使用することが多い低刺激で保湿目的の「乾燥肌・敏感肌用」のセラミド、オートミール、グリセリンなどを配合したシャンプー、リンスとしては保湿目的にマイクロパール、尿素、プロピレングリコール、グルコシルセラミド、オートミールなどを配合したものがあります（p.103～106表4-1、2参照）。

薬用シャンプー剤は「薬」なので使い方を間違えないように獣医師に相談を

　シャンプー療法で用いるシャンプー剤は薬剤としての効果がある以上、副作用をもつともいえます。つまり、もし皮膚の状態に不適切なシャンプー剤を使用した場合、シャンプー前よりも皮膚の状態を悪化させる可能性があるということです。基本的に薬用シャンプー剤は獣医師が処方したものを使うことが多いと思われますが、副作用の危険性を減らすためにも実際にシャンプー療法を行うトリマーの皆さんが、それぞれのシャンプー剤の効用を正しく理解した上で、シャンプー療法を実施できるように、知識を身につけましょう。

主な薬用シャンプー①

表4-1

主な効能	含まれている主な成分	商品名	特徴・注意点など
抗菌性	クロルヘキシジン酢酸塩0.5%	ノルバサンシャンプー0.5（キリカン洋行）	・多剤耐性 *Staphylococcus Pseudintermedius*（MRSP）の表在性膿皮症でも効果あり。 ・皮膚浸透圧が低い。 ・コンディショナー入りでパサつかない。
抗菌性	ピロクトンオラミン0.7%	メディダーム®（全薬工業）	・主に酵母様真菌への効果が期待できる。
抗菌性	酢酸クロルヘキシジン	薬用酢酸クロルヘキシジンシャンプー（製造：フジタ製薬／販売：さえあ製薬）	・皮膚被毛の清浄。 ・殺菌消臭。 ・コンディショニング成分（保湿剤）配合。
抗菌性	ポピドンヨード	薬用ヨードシャンプー（製造：フジタ製薬／販売：さえあ製薬）	・皮膚被毛の清浄。 ・殺菌消臭。
抗菌性	クロルヘキシジン酢酸塩0.5%	薬用CHリンスインシャンプーJH（販売：共立製薬／製造：アース・ペット）	・ハーブの香り。
抗菌性＋抗真菌性	クロルヘキシジングルコン酸塩2％、ミコナゾール硝酸塩2％	マラセキュア®（製造：フジタ製薬／販売：さえあ製薬）	・抗真菌薬を含む。 ・適応：マラセチア皮膚炎。
抗菌性＋抗真菌性	ミコナゾール硝酸塩2％、クロルヘキシジングルコン酸塩2％	マラセブ®（キリカン洋行）	・体表面積に対し50mL/㎡を1日1回、3日以上間隔を空けて週1～2日使用（上限4週間）する。 ・禁忌：1.5kg未満、3カ月齢未満の犬、妊娠中または授乳中の犬。 ・とくに耳、皮膚粘膜接合部、四肢を中心に症状が消失するまで週3回、その後は維持療法を継続する。 ・脂漏が多い場合は、脱脂シャンプーや抗菌成分含有のシャンプーで前処置する。 ・適応：マラセチア皮膚炎。

（2024年8月現在）

ブツブツやフケがある犬で、どうしても薬用シャンプーの選び方がわからない場合は、ひとまず抗菌シャンプーを使うとよいでしょう。

主な薬用シャンプー②

表4-1（つづき）

主な効能		含まれている主な成分	商品名	特徴・注意点など
脱脂作用（抗脂漏）		セボリアンス	DOUXO® S3 SEB（日本全薬工業）	・皮膚の水分や油分のバランスを整える。 ・ベタベタ肌用。
角質溶解作用	＋抗脂漏作用	サリチル酸ナトリウム、グルコン酸亜鉛、ビタミンB6必須脂肪酸（リノール酸、γ-リノレン酸）、単糖類、アルキルポリグルコシド、ボルド葉抽出エキス、セイヨウナツユキソウ抽出エキス、ピロクトンオラミン、ティーツリーオイル	ケラトラックス®（ビルバックジャパン）	・球菌、酵母様真菌（マラセチア）の菌数減少効果はタール含有シャンプーと同等の効果あり。 ・ティーツリーオイルによる殺菌効果とさわやかな香りもある。 ・適応：マラセチア皮膚炎、膿皮症。
	＋止痒作用	コロイド状オートミール、単糖類、ボルド葉抽出エキス、セイヨウナツユキソウ抽出エキス	アラダーム センシティブ スキン エピスース®（ビルバックジャパン）	・適応：とくに乾燥した皮膚（主に犬アトピー性皮膚炎、原発性角化症など）。 ・青りんごの香り。
		加水分解オーツプロテイン、オーツβグルカン、オーツアベナンスラマイド	オーツシャンプーエクストラ（日本全薬工業）	・適応：とくに乾燥した皮膚（主に犬アトピー性皮膚炎、原発性角化症など）。 ・週に2～3回使用可能。
		オーツアベナンスラマイド、加水分解オーツプロテイン、β-グルカン	オーツホイップクリームシャンプー（日本全薬工業）	・泡タイプ。 ・人工の香料や着色料等を含まない。
その他の作用（クレンジングオイル、クリーニングオイル）		クレンジング成分（低刺激ノニオンベース）、アニオン系洗浄成分	ゾイック スーパークレンジング（ハートランド）	・シャンプー剤に使用。固着性の付着物の洗浄に優れる。
		ホホバオイル、テトラオレイン酸ソルベス、パルミチン酸エチルヘキシル、アスタキサンチン類似体	BASICS DermCare クレンジングオイル（アフロート ドッグ）	・シャンプー剤に使用。固着性の付着物の洗浄に優れる。
		エチルヘキサン酸セチル、トリ（カプリル酸／カプリン酸）グリセリル、テトラオレイン酸ソルベス-30、ホホバ種子油	N's drive スキンクリーニングオイル（グラット・ユー）	・シャンプー剤に使用。固着性の付着物の洗浄に優れる。

（2024年8月現在）

主な薬用シャンプー③

表4-1（つづき）

主な効能	含まれている主な成分	商品名	特徴・注意点など
保湿作用　適応：犬アトピー性皮膚炎、原発性角化症	セラミド、コレステロール、必須脂肪酸（リノール酸、γ-リノレン酸）、単糖類、アルキルポリグルコシド、ボルド葉抽出エキス、セイヨウナツユキソウ抽出エキス、ピロクトンオラミン	アデルミル®（ビルバックジャパン）	・敏感肌の犬。 ・とくに犬アトピー性皮膚炎で、アデルミルシャンプー＋ダームワン（必須脂肪酸）群とプレドニゾロン単独群との比較試験で同等の効果が得られたので、ステロイド薬が不必要な治療法としても有効な報告あり。
	オートミール抽出物、アロエベラ	アロビーンシャンプー（キリカン洋行）	・適応：とくに乾燥した皮膚。
	ラウリン酸ジエタノールアミド、ラウリル硫酸トリエタノールアミン、グリセリン、キトサンサクシナミド	セボダーム®（ビルバックジャパン）	・適応：とくに乾燥した皮膚（主に犬アトピー性皮膚炎、原発性角化症など）。
	ヒノキチオール、硫酸（Al、K）、グリチルリチン酸2K、オレンジ油、エチドロン酸4Na、セラキュート®、リピジュア®	ヒノケア® デイリーケア（エランコジャパン）	・低刺激なアミノ酸系。 ・リピジュア®が被毛のコーティングとうるおい補給をするためリンスやコンディショナー不要。
	セラキュート®、リピジュア®、持続型ヒノキチオール	ヒノケア®for プロフェッショナルズ スキンケアシャンプー（エランコ）	・適応：とくに乾燥した皮膚。
	バリアセラミド1％	ヘルスラボシャンプー（花王）	・適応：とくに乾燥した皮膚。
	アミノ酸系洗浄成分、ユズセラミド、ラベンダーオイル、ローズマリーオイル、ルイボスエキス、フラーレン、ジラウロイルグルタミン酸リシンNa、ポリクオタニウム-51	BASICS DermCare 低刺激シャンプー（アフロートドッグ）	・泡タイプ。 ・適応：アトピー性皮膚炎。
	オフィトリウム	DOUXO® S3 CALM（日本全薬工業）	・適応：とくに乾燥した皮膚。
	アマニ油（多価不飽和脂肪酸オメガ-3、オメガ-6）、ブドウ種子油（オメガ-6）、必須アミノ酸、緑茶抽出物	EFAスキンコントロールシャンプー（キリカン洋行）	・適応：乾燥皮膚用。
	ソルビトール、ココイルグルタミン酸TEA、ラウロイルアスパラギン酸Na、コカミドDEA、1,2-ヘキサンジオール、カプリリルグリコール、フェノキシエタノール	N's drive スキンシャンプー（グラッド・ユー）	・低刺激性、低経口毒性、高洗浄。

（2024年8月現在）

主なコンディショナー、リンス、保湿剤

表4-2

主な効能	含まれている主な成分	商品名	特徴・注意点など
保湿作用　適応：犬アトピー性皮膚炎、原発性角化症	オートミール抽出物、アロエベラ	アロビーンコンディショナー（キリカン洋行）	・洗い流し不要。
	尿素、乳酸、グリセリン、プロピレングリコール	ヒュミラック®（ビルバックジャパン）	・コンディショナー。 ・シャンプー後、ぬるま湯に加えて全身にかけ流したり、直接スプレーしたりして使用。 ・洗い流し不要。
	アマニ油（多価不飽和脂肪酸オメガ-3、-6）、ブドウ種子油（オメガ-6）、必須アミノ酸（オートムギタンパク質、小麦タンパク質）、緑茶抽出物	EFAスキンコントロールコンディショナー（キリカン洋行）	・低刺激性。 ・ネクタリンの香り。
	マイクロパール	ハイドラパール　クリームリンス（製造：フジタ製薬／販売：ささえあ製薬）	・pHを調整し皮膚表面のコンディションを整える。
	天然のオーツ（カラス麦）抽出成分	オーツダーマルカーム（全薬工業）	・スプレータイプの保湿剤。
	セラミド各種、コレステロール、脂肪酸、単糖類、ボルド葉抽出エキス、セイヨウナツユキソウ抽出エキス	ダームワン®（ビルバックジャパン）	・保湿液。 ・週1回外用。
	ラフィノース、カプリリルグリコール、エチルヘキシルグリセリン、ヒアルロン酸Na	N's driveスキンバリア・ヴィア保湿剤（グラット・ユー）	・洗い流し不要。 ・液体タイプ、クリームタイプがある。
	ペンチレングリコール、グリセリン、システイン／オリゴメリックプロアントシアニジン、アスコルビン酸、グルコシルセラミド	PE セラミド・オリゴノール®スプレープレミアム（QIX）	・1日に3～5回程度皮膚に塗布。 ・シャンプー後のトリートメントとしても使用可能。 ・適応：アトピー性皮膚炎、原発性角化症など。

（2024年8月現在）

適切なシャンプー療法とその注意点

足が悪い犬のシャンプーについて

　美容目的でのシャンプー実施時にも当てはまることですが、犬を洗う場所は犬が足を滑らせる危険性がないように配慮しなければいけません。とくに膝蓋骨脱臼や椎間板ヘルニアなどの骨や関節の疾患がある犬のシャンプーを行う場合は、足腰に負担をかけるとシャンプー後に症状が悪化する可能性があります。さらに興奮しやすい性格の場合はその可能性がより高まります。

　このような病気の発症や病状の悪化を予防するために、犬の足元を滑りにくくするために**風呂マットやヨガマット**などを事前に敷いてシャンプーを実施するようにしましょう（写真4-1 参照）。

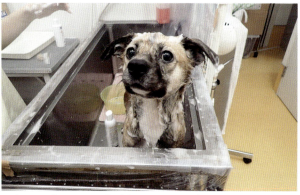

写真4-1　薬用シャンプー剤によるシャンプーの様子

薬用シャンプー療法のポイント

- 赤み（炎症）のある皮膚病変が多いので、できるだけ皮膚に熱をもたせない。
- お湯の温度は犬が我慢できる程度の低温25～35℃（寒すぎるようなら38℃でも可）にする。
- ドライヤーの温風はできる限り微風にして（冷風も用いる）、乾燥させすぎない。
- 皮膚の異常部位に薬用シャンプー剤をつけたまま10分以上"放置（つけ置き）"する。
- 皮膚の異常が強い部分から洗いはじめる。
- 薬用シャンプー剤は薬なのでできるだけ薄めない。

シャンプー前の準備とその濃度

　一般的なシャンプーにも共通することですが、シャンプー前に、ブラッシングで余分な被毛や毛玉を取り除き、まずはお湯だけで被毛や皮膚に付着した汚れを根本まで入念に洗い流します。これを行うことで、被毛や皮膚に薬用シャンプー剤が浸透しやすくなり、洗浄しやすくなります。

　薬用シャンプー剤は薬なので薄めず、手のひらに**500円玉大ほどの量**を出して軽くのばしてから、皮膚をマッサージするようにのばしていき、**手のひら2枚分の面積を目安**に洗い、その作業を繰り返し行います＊。ただし顔周辺ではすすぎ残しを防ぐために、薬用シャンプー剤をボールなどに入れて水やお湯で薄め、スポンジなどを利用し、きめ細かな泡にしてから顔や顔周辺の身体に塗布していくのも仕方ないでしょう。

＊薬用シャンプー剤は、あくまでも『外用薬』という位置づけであるため原液で使用するべきであり、水で薄めて使用するやり方は、薬剤として狙った効果が得られなくなる恐れがあるため推奨できない。

犬の皮膚は弱アルカリ性で人の皮膚は弱酸性なので、人用の市販のシャンプーは犬にとっては刺激が強すぎるため使わないようにしましょう。

お湯の温度

　通常のシャンプー時では犬が心地よければよい湯温といえますが、皮膚病の犬の場合は、湯温に注意する必要があります。皆さんも温かいお風呂に入浴した際に、肌がピリピリとかゆくなった経験があると思います。一般的に風呂やシャワーで利用する40℃程度の湯温では、その温かさで皮膚のかゆみが増強してしまう可能性があるため、犬のシャンプー療法は<u>25～35℃程度（寒すぎるようなら38℃程度まで可）</u>の低い湯温で実施する必要があるのです。トリミングやシャンプーを行ったらかゆみが悪化したなどのクレームの原因となりかねないので、とくにかゆみや赤みのある皮膚病の犬にシャンプーを行う際は注意が必要です。

薬用シャンプー剤の"つけ置き"のポイント

　シャンプー療法で使用する薬用シャンプー剤の利用目的は『皮膚病の治療』であり、シャンプーでも皮膚科の病院で処方される軟膏やローションといった外用薬と同じ役割をもっています。それらの外用薬を塗った後に、すぐ拭き取ってしまっては効果が得られないことと同様に、シャンプー療法においても、シャンプーをしてすぐに洗い流してしまっては、その効果を十分に得ることはできません。

　つまり、<u>**シャンプー療法は『被毛』ではなく『皮膚』に対して行う治療方法**</u>であるため、薬用シャンプー剤は皮膚に塗り込むようにして、<u>**通常10分程度は薬用シャンプー剤と皮膚が接触した状態を持続**</u>させるようにします。この10分という時間ですが意外に長く感じてしまい、短めの時間で切り上げてしまいがちなので、必ずタイマーなどでしっかりと時間を計ることをお勧めします。

　しかし、この10分間犬をじっとさせておくことは現実的に難しいことです。対策として、異常がある部分から先に洗い始めます。そうすることで、全身のシャンプーが終わったころには最初にシャンプーを始めた場所は放置してから10分ほどの時間が経過していることが多く、外用薬としてのシャンプー療法の効果を発揮できるからです。

　とくに、慢性的な皮膚病の犬で認められる苔癬化（たいせんか）（分厚く象の皮膚のようになっている状態）している部分は要注意です。皮膚が分厚くなり、シワシワの凹凸ができているため、その隙間にもしっかりとシャンプー剤が入り込むように、念入りに、さらにソフトにマッサージしながら塗り込みましょう。

犬種ごとの注意点はココ！

　シー・ズーやパグ、コッカー・スパニエル、レトリーバー系の犬種などでは首元の皮膚がたるんでしわになることがあり、そのしわに十分にシャンプーが行き渡らない、もしくは、すすぎの際にシャンプー剤が残り皮膚への刺激になってしまう恐れがあります。また、柴のように被毛が密な犬種では、十分なすすぎを行わないとシャンプー剤が落としきれずに、皮膚への刺激になってしまう恐れがあります。

薬用シャンプーの回数と頻度

　皮膚病ではない犬のシャンプーは、薄めて泡になったシャンプー剤を利用するなら、2〜3回行う必要があります。薬用シャンプーの場合は、1種類だけ行う場合は基本は1回ですが、皮膚の汚れがひどい場合は、軽く1回洗った後、本格的に洗うために2回目を行います。また、皮膚病によっては複数の薬用シャンプーを使うこともあるので、その場合は、使う種類によって回数が決まります。

　シャンプーの頻度は、皮膚に異常がない犬なら月1回程度でかまいません。異常がある場合は薬用シャンプー剤を使用するため、7〜10日に1回、または重度な場合には3〜5日に1回実施する場合もあります（冬場は回数が少なくなる）。ただし頻度に関しては獣医師と相談しましょう。

すすぎとリンシング

　シャンプー後にすすぎを行いますが、最初のすすぎから十分に行います。すすぎの時間の目安は、シャンプーで洗う時間の2倍です。オーバーコートやアンダーコート、指の股（趾間）やパッドの隙間までよくすすぎましょう。リンシングは、シャンプー剤を十分に流したことを確認後なじませ、状態により複数回すすぎます。

ドライング

　一般にトリミングを行う際は、**根本までしっかりと乾いているか確認しながら**、被毛をフワフワに乾燥させる必要があり、飼い主さんもそうした仕上がりを望んでいると思われます。皮膚病ではない犬や、被毛の量が多く乾燥させづらい犬は、タウエリング（タオルで拭き取ること）である程度水分を吸収させることはもちろん（吸収させすぎると仕上げにくくなるので注意が必要）、温風でしっかりと乾かしたり、冷風＊で水分をしっかり飛ばしたりしてからブローをはじめます。

　しかし、皮膚病の犬をしっかり乾燥させてしまうと、皮膚が乾きすぎてしまい、フケっぽくなったり、かゆみが増したりします。そのため、完全に乾かすのではなく、わずかに湿った状態で仕上げて最後は自然乾燥（1時間以内に乾燥する程度）させるようにします。なお、シャンプー時の湯温と同様に、皮膚病の場合は温風での乾燥はかゆみの原因になるため冷風を使用するべきです。

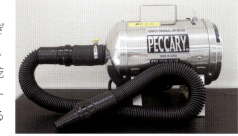
写真4-2　ブロアー
水分を飛ばす威力の強いエアホース。

＊ブロアー（写真4-2参照）と呼ばれるエアホースで水分を飛ばす方法もある。

ドライングが原因で目の病気になりやすい！

　ドライングが原因で発生する疾患として、最も注意すべきは目に関連した疾患です。中でも、タオルドライ時の目への物理的な擦過や、温風による刺激と乾燥によって、結膜炎や角膜炎・角膜潰瘍は容易に発生します。そのため、顔まわりを拭く際には強くこすらないようにする、ドライヤーの風（とくに温風）は直接顔に当てない、もしくは短時間にするなどの配慮が必要です。とくにチワワやシー・ズー、フレンチ・ブルドッグといった眼球が突出した犬種や、涙の分泌異常のある犬（3章目の病気参照）にはこうした疾患が発生しやすいため、より注意深い対応が必要です。

基本的な薬用シャンプーの手順

　薬用シャンプーは、薬なので十分皮膚に浸透させる必要があります。つけたままの放置を10分以上行うべきですが、なかなかじっとできない犬も多いので、前述したように皮膚の状態が最も悪い場所からシャンプーをはじめましょう。また、皮膚の病気が足先だけなど部分的なら、異常のある部分以外は普通のシャンプー剤を使い、皮膚の異常がある部分だけ薬用シャンプー剤を使用する方法も可能です。

　通常のシャンプーの手順の参考にもなるよう、より細かい対応が必要な薬用シャンプー剤使用時の手順を解説します。皮膚病ではない犬に薬用シャンプー剤を使う場合は、薬剤をつけたまま放置する過程は省いてください。

1　コーミング

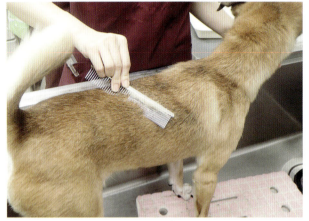

皮膚のチェックを含め、皮膚の汚れや抜け毛を取り除くためにコーミングを十分に行います（毛玉や汚れがひどい場合は、濡らしたほうが取れやすいことがあるため、コーミングをせずにシャンプーを行うこともある）。

2　湯温の調節

人と比べて犬の皮膚は薄いため、温熱刺激で皮膚の温度を上げてしまいます。赤みやかゆみなどが強い場合はぬるま湯（25～35℃）で行います。寒い場合でも38℃程度で行いましょう。

3　初回のすすぎ

オーバーコート、アンダーコートまでぬるま湯をしっかり浸透させます。

すすぎはシャンプーで洗う時間の2倍の時間をかけましょう。

指の股（趾間）やパッドの隙間までよく濡らして汚れを取りましょう。

スピードトリミングとは？

　近年、今までのトリミングと違う「スピードトリミング」という方法が知られています。毛玉があってもブラッシングせずすぐに洗い、シャンピングは4～5回、リンシングは3～4回するという方法です。汚れが落ちればある程度の毛玉はブローで取れるという理論に基づいています。時間短縮となり犬に負担をかけない、現場で生まれた実践的な方法です。

④ 身体のシャンプー

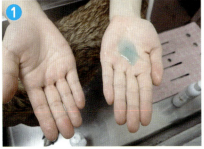
薬用シャンプー剤は薬成分を薄めないように、原液を手のひらに500円玉大程度出します。

手のひらでよくのばします。

手のひら2枚分の面積を目安に犬につけていきます。必ず毛の流れに沿ってもみ込んでください。

薬用なので皮膚や被毛に染み込ませます。首などしわや皮膚が重なる部位は皮膚をのばして入念に塗り込みます。

おとなしい犬はシャンプー剤をつけ置きするために10分ほどじっとさせますが、身体を振ってしまったり、逃げ出したりすることが多いので、現実的ではありません。

実際には皮膚に異常がある部位からはじめて全身が終わるころには、開始10分以上経過していることが多いため、犬を放置することはしません。爪を立ててゴシゴシと洗うと赤みやかゆみを悪化させたり、ときには毛包炎をおこしたりするため、注意しましょう。また、皮膚が弱いトリマーは、刺激性のシャンプーで手が荒れることもあるので、手袋を装着しましょう。

⑤ 顔のシャンプー

顔のシャンプーを嫌がる犬はシャンプー剤を泡立ててからつけます。

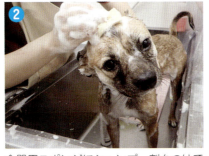
食器用スポンジにシャンプー剤をつけて泡立ててから顔につけて洗います。顔だけは皮膚病がひどくない限り、目のトラブルを防ぐために薬用シャンプー剤を薄めて使ってもかまいません。

次に耳を耳介を中心に洗います。ただし外耳炎の犬は、耳内に水やシャンプー剤が入ると悪化することがあるので、脱脂綿で耳を塞いでから行います。終了後、取り忘れないようにします。

6 仕上げのすすぎ

最初のすすぎ同様、オーバーコート、アンダーコートまでぬるま湯を浸透させて、しっかりとすすぎます。

すすぎはシャンプーで洗った時間の2倍の時間をかけましょう。

7 タウエリング（タオルドライ）

タオルで水分を拭き取り乾燥させます。

水分の吸収性のよい素材のタオルを使うこともあります。とくに被毛の量が多く乾燥させづらい犬は、吸収性のよいタオルである程度水分を吸収する必要があります。吸収しすぎると仕上げがしにくくなるので適度に乾燥させます。

顔はドライヤーを強くかけられないので、念入りに水分を吸収させます。

8 ドライング

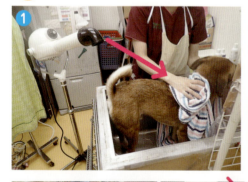

ドライヤーをあてるとき、ドライヤーの吹き出し口と犬との距離を離す必要があります。耳や脇の下、尾の周辺など毛玉になりやすい部位に注意しながら、ブラシやコームを用いて乾燥させます。

⚠️ 皮膚病のある場合は、ブラシやコームは傷をつける恐れがあるため、できるだけ逆毛を立てるようには使わないようにしてください。また、温風での乾燥は最初に表面を乾かす程度にし、あとは冷風を中心に使い、わずかに湿った状態で仕上げて、最後は自然乾燥（1時間以内に乾燥する程度）するようにします（冬場は寒さ対策として温かい部屋で乾燥させます）。

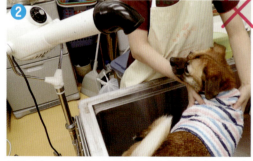

ドライヤーの風が冷風だとしても顔に長くかかると眼球を乾燥させ、角膜炎になることがあるので注意します。

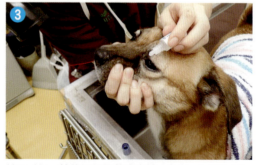

ドライヤー前後には眼軟膏を塗ったり、ヒアルロン酸などを点眼したりすることを忘れないでください。

memo

正しい清掃・消毒方法って？

犬がトリミングや薬浴をするためにサロンや病院に来てもらっているのにも関わらず、その施設で病気や寄生虫に感染してしまうことは、飲食店での食中毒の発生と同じく、非常に重大な問題となります。このことは処置者の個人的な責任のみならず、施設の運営にも悪影響を及ぼす可能性があるため、絶対におこしてはいけないことです。そのような事態を招かないためにも、細菌、真菌（主に糸状菌）、ウイルスなどの微生物やノミ・マダニなどの寄生虫に対して、感染を予防するための手段として正しい清掃・消毒方法をぜひともしっかりと身につけて、仕事に臨めるようにしましょう。

感染源に見合った清掃・消毒処置の実施

最も効果的な予防方法は、感染性微生物や寄生虫に感染した動物を施設内に入れないことなので、病院併設型ではないトリミングサロンやペットショップでは、皮膚に異常のある動物が来店した場合、速やかに動物病院への受診を勧めましょう。逆に病院併設の場合は、治療としてトリミングの処置を行うこともあるため、利用器具や施設内が汚染される可能性があります。それを避けるために感染予防のための清掃・消毒処置を実施する必要がありますが、感染源によって効果的な方法が異なるため、それぞれに見合った適切な選択をする必要があります（写真3-3 参照）。

その方法の一つとして、清掃しやすいように普段から**物をあまり置かず**環境を衛生的に保つことが挙げられます。これはとくに外部寄生虫［ノミ・マダニ・疥癬虫（ヒゼンダニ）など］や皮膚糸状菌に対して重要な予防方法となります。また、処置に使用したタオルはすぐに洗うか、すぐに洗えない場合は袋に入れてしっかり密閉しておきます。また、ケージや処置を行った場所はもちろんのこと、感染動物が通過した場所は施設の入り口からすべて汚染された環境として見なし徹底的に清掃を行います。

写真3-3　清掃に使用する消毒薬の一例

とくに、ノミなどの外部寄生虫の場合はケージの裏などの暗い場所に逃げ込む性質をもつため、目に見える範囲だけではなく、そのような場所も物を移動するなどして、洗えるような場所であれば洗い流す、洗うことが難しい場所であれば可能な限り掃除機で吸い取る、もしくは拭き取ることにより感染源となる成虫やサナギを取り除きます。

ノミはサナギの状態では1年近くも生存可能なため、忘れたころにノミが発生したなんてことにならないように注意しましょう。なお、寄生虫の多い場合は補助的に燻煙剤を使うのもよいでしょう。

また、一般的な細菌やウイルスは、**血液や排泄物、体液（涙、よだれ、鼻水など）に含まれる**ので、床やシンク、ケージ内だけではなく、それらが飛び散る可能性がある床や壁なども注意して清掃するように心掛けましょう。細菌やウイルスのような感染性微生物に関しては、清掃だけでは感染予防には不十分であるため、清掃後に各感染性微生物に対して効果的な消毒（p.116表4-3参照）を必ず実施してください。

皮膚糸状菌症の場合は、菌が被毛内に存在し、被毛が感染源となることから、環境中やクリッパー（バリカン）などの器具に被毛を残さないような徹底した清掃を行い、細菌やウイルスと同じように、効果的な消毒（p.116表4-3参照）の実施が必要です。

通常、上述のような感染症が疑われる動物の処置を行った後は、施設内でのほかの動物への感染を予防するため、処置者が着ていた衣服や靴はすぐに洗浄（2回以上）・消毒をするべきです。とくに外部寄生虫や皮膚糸状菌症は、人獣共通感染症でもあることから、まずは処置者自身が感染を予防するため、**手袋や長袖の衣服などを用いて直接肌が接触しないよう注意**し、処置後は着用していた衣類や靴も洗浄する必要があります。このような手間を省くためにも、処置をする際は使い捨てのエプロンなどを利用するのもよいでしょう。

清掃では、感染性微生物も寄生虫も、いずれの場合でも最低限、**目に見える汚れを残さない**ことが重要です。

どんな消毒方法が有効なの？

感染予防のためのもう一つの手段としての消毒には、煮沸による物理的な方法と各種消毒薬を用いる化学的方法があります。一般的に前者は、コームなどの器具に利用し、後者は器具を含め環境に対しても利用しますが、微生物の種類により効果的な消毒法が異なるため、それぞれに見合った適切な消毒薬を選択することが重要です（p.116表4-3参照）。

具体例としては、トリミングテーブルやサロン内の床などには、主に**複合次亜塩素酸系消毒剤**を用いることが多いですが、近年、細菌や真菌、ウイルスに効果のある酸性水（弱酸性、強酸性）やオゾン水＊なども使われています。また、**錆びやすい器具類**には上記のような消毒薬ではなく、**クロルヘキシジン製剤や逆性石鹸**（ウイルスには無効）、滅菌庫（真菌には無効）などが使われています。

＊酸性水（弱酸性、強酸性）やオゾン水などは有効性を証明したデータがあるものや曖昧なものなど多くの商品があるので、有効性に関しては個々で判断する必要がある。

○：有効　△：十分な効果が得られない場合がある　×：無効

表4-3　主な細菌・真菌への消毒薬の有効性

成分名	主な製品	細菌							真菌
		グラム陽性			グラム陰性			
		一般細菌	MRSA	芽胞細菌*1	一般細菌	緑膿菌	結核菌	
グルタルアルデヒド	ステリハイド®L 2w/v%液	○	○	○	○	○	○	○
アルコール	消毒用エタノール	○	○	×	○	○	○	△*2
次亜塩素酸ナトリウム	アンテックビルコン™ S、ピューラックス®	○	○	△	○	○	△*4	○
強酸性水(次亜塩素酸系)*3		○	○	○	○	○	○	○
ポピドンヨード	イソジン液®10%	○	○	○	○	○	△	○
塩化ベンザルコニウム（逆性石鹸）	ザルコニン®液P	○	△	×	○	△	×	△
クロルヘキシジングルコン酸塩	5%ヒビテン®液	○	△	×	○	△	×	△

*1 芽胞細菌：消毒に対してきわめて高い耐久力をもつ芽胞という構造をもつ細菌（Bacillus属やClostridium属など）。
*2 酵母は有効だが、糸状菌は長時間の接触が必要。
*3 近年、安全性が高く、細菌、真菌、ウイルスにも効果的な弱酸性の次亜塩素酸成分の除菌水も開発されている。
*4 高濃度で有効。

表4-3　主な細菌・真菌への消毒薬の有効性（つづき）

成分名など	主な製品	ウイルス								
		パルボウイルス	イヌジステンパーウイルス	イヌアデノウイルス	イヌパラインフルエンザウイルス	コロナウイルス	ネコヘルペスウイルス	ネコ白血病ウイルス	ネコ免疫不全ウイルス	ネコカリシウイルス
エンベロープの有無	—	無	有	無	有	有	有	有	有	無
グルタルアルデヒド	ステリハイド®L 2w/v%溶液	○	○	○	○	○	○	○	○	○
アルコール	消毒用エタノール	×	○	×	○	○	○	○	○	×
次亜塩素酸ナトリウム	アンテックビルコン™ S ピューラックス®	△	△	○	○	○	○	○	○	△
強酸性水(次亜塩素酸系)*3		○	○	○	○	○	○	○	○	○
ポピドンヨード	イソジン液®10%	○	○	○	○	○	○	○	○	○
塩化ベンザルコニウム（逆性石鹸）	ザルコニン®液P、オスバン®S	×	×	×	×	×	×	×	×	×
クロルヘキシジングルコン酸塩	5%ヒビテン®液 ラポテック®消毒薬5%	×	×	×	×	×	×	×	×	×

引用文献：[新版 増補版]消毒と滅菌のガイドライン．へるす出版，2015，p121-136．／動物看護の教科書　第3巻、緑書房，2013，p187

Topic

感染源になりやすいクリッパーの刃の完全消毒は難しい！

　海外の報告ですが、毛刈りに使用しているクリッパーの刃に対して、細菌の培養検査を実施したところ、51%が細菌に汚染されていたという報告があります(Mount,R.,et al.2016)。その報告内では、消毒の頻度やクリッパーの保管場所は細菌汚染とはあまり関係がないことが示唆されている一方で、細菌汚染の防除に有効な項目として、どのような消毒薬を使用するかが重要であるとも報告されています。

　しかし鉄製のクリッパーの刃は錆びやすく濡らすことができないものが多く、十分な消毒が困難です。そのため、丁寧な清掃で感染源となる被毛やフケを除去し、紫外線灯を用いた滅菌庫（写真4-4参照）などで消毒することが推奨されます。なお、滅菌庫は大腸菌やブドウ球菌、枯草菌などに有効ですが、真菌に対しては無効なので皮膚糸状菌症に使ったクリッパーの取り扱いには十分注意が必要です。

　なお、滅菌庫での滅菌時間は機器により違いますが、20～30分間は最低限必要なものが多いです。

引用文献：Mount R,Schick AE,Lewis TP2,Newton HM(2016):Evaluation of Bacterial Contamination of Clipper Blades in Small Animal Private Practice.J Am Anim Hosp Assoc.52(2):95-101.

写真4-4　紫外線灯を用いた滅菌庫での消毒

ワクチンの基礎知識

ワクチンとは？

トリミングサロンやペットショップでは、ワクチンの知識は最低限必要です。犬をお預かりする際には、ワクチン接種の有無の確認も必要で、ペットショップではワクチンについての知識をお客様へ伝える機会もあるでしょう。以降でワクチンの基本的な知識を解説していきます。

人為的に感染をおこし免疫力を獲得

ワクチンとは、人におけるはしかのように、1度感染すると2回目以降の感染は発症しないという生体の免疫システムを利用して、病気の感染を防ぐ治療法のことです。

具体的な方法としては、弱らせた（もしくは死んだ）細菌やウイルスなどの病原性微生物を犬の体内に接種して、人為的に感染をおこした状態にさせます。そうすることで、それらの病原性微生物に対する免疫力を獲得させて、それ以降、同じ細菌やウイルスに感染したとしても、病気の発症を防ぐ、もしくは発症したとしても死に至るような重篤な症状となることを防ぐことができるようになります。もちろん、人為的に病気に『感染』させたとはいっても、実際には安全性が確保されているワクチン接種なので病気が発症することはほとんどありません。

トリミングやシャンプーにおけるワクチンの重要性

いくつかの感染症は、心臓病やがんなどとは異なり、ワクチンで防ぐことができる病気です。現在の日本は都市部を中心に感染症の予防に対する意識が高まり、以前よりも予防接種を実施する動物が増加し、感染症の発症自体が少なくなっています。しかし、そうした状況であるがゆえに、飼い主さんや獣医療従事者の中にさえ、感染症に対する警戒心が薄れてしまい、しっかりと予防を実施していない方がいるのも事実です。

感染症の中にはきわめて感染力の強いものや、感染すると重篤な症状を示すだけでなく、死亡する危険性の高いもの、動物のみならず人にも感染する病気もあるため、予防をしていない動物を施設内に入れてしまうことは、大きなリスクを伴います。そのため、トリミングなどの予約を受けるときと実際にお預かりするときの2度のタイミングで、必ずワクチン接種の有無と、接種日が有効性のある1年以内であるかを確認しましょう。

生ワクチンと不活化ワクチンって？

　ワクチンの製造方法による違いから、ワクチンは「生ワクチン」と「不活化ワクチン」に分けられます（表4-4、写真4-5参照）。生ワクチンの場合は、動物に対する攻撃性を弱らせた（弱毒化）、生きている病原体（細菌やウイルスなど）を使用しています。これら病原体は生きていることから、原則発症はしませんが動物の体内で増殖することができます。それにより、体内では実際に病気に感染したときと同じような反応を生じさせるため、効率的に病気に対する免疫を得ることができるのです。しかし、弱っているとはいえ生きている細菌やウイルスを接種することから、免疫力の低下している犬では副作用が出たり、ときにそれらの病気を発症してしまったりする恐れもあるので、体調が万全のときに接種するべきです。

　一方、不活化ワクチンは生きている病原体ではなく、薬品などにより死滅させた病原体を使用したものです。そのため、生ワクチンのように病原体が体内で増殖することで免疫反応を活性化させないので、生ワクチンと比べて1回のワクチンに（不活化した）病原体を多く入れる必要があります。また、生ワクチンに含まれる生きた病原体と比べると病原性が弱く、生体の免疫反応が弱いことから、ワクチンの接種回数を増やす必要があります。加えて、多くの製品で免疫反応を増強するためのアジュバンドという添加物質が入っていることも特徴です。つまり不活性化ワクチンは生きた病原体を注射するわけではないので、病気を発症する恐れはありませんが、1回に投与する病原体の量が多いことや、アジュバンドのような添加物で発熱やワクチンアレルギーなどの副作用が生じる可能性があることを覚えておきましょう。

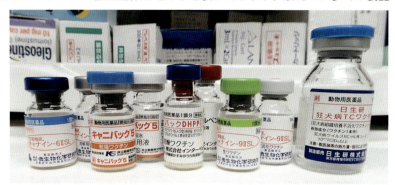

写真4-5　さまざまなワクチン

表4-4　生ワクチンと不活化ワクチンの特徴

	長所	短所
生ワクチン	・投与する病原体の量が少なくて済む。 ・免疫力が長期間維持される。 ・投与量が少ないため、副作用が生じにくい。	・投与する病原体の量が少ないため、母親からもらう移行抗体の影響を受けやすい。 ・投与した病原体による発症の可能性がある。
不活化ワクチン	・病原体は死んでいるため、接種による発症の危険がない。	・免疫維持のため毎年の接種が必要。 ・投与する病原体の量の多さや添加物のため、副作用が生じやすい。

コアワクチンとノンコアワクチン

　製造方法の違いにより、生ワクチンと不活化ワクチンに分けられると前述しましたが、別の分類方法として、「接種する必要性の高さ」を基準にした分け方もあります。

　『通常、接種を推奨される**コアワクチン**』と『地域の状況によって接種の必要がある**ノンコアワクチン**』に分類されます(表4-5 参照)。つまり前述の生と不活化に加えて、これらの分類を合わせると、『生のコアワクチン』と『生のノンコアワクチン』、『不活化のコアワクチン』と『不活化のノンコアワクチン』が存在します。

　コアワクチンは**重症化する危険性の高い感染症**、感染力が強いため発生した場合に多くの動物に影響が出る感染症、人獣共通感染症で人に感染した場合に重症化し、**社会への影響が大きい感染症**が含まれます。そのため、基本的にはすべての犬に接種するように推奨されているワクチンのことをいいます。

　ノンコアワクチンは必ずしも接種が勧められているものではなく、**動物が居住する地域別に感染症の発生状況を考慮して接種すべきワクチン**とされます。そのため、必要に応じて感染症ごとに接種すべきなのですが、すべての感染症ごとにノンコアワクチンが販売されているわけではなく、混合ワクチンとしてコアワクチンの中に含まれている場合が多いのが現状です。なお、ノンコアワクチンであるレプトスピラ症に関しては、各県の発生状況が農林水産省のホームページに記載されているので、接種を検討する際は参考にしてください。

農林水産省 http://www.maff.go.jp/j/syouan/douei/kansi_densen/kansi_densen.html より

表4-5　日本の主な犬用ワクチン

	名称	単価	2種	3種 *3	4種	5種	6種	7種	8種	9種	10種	11種
コア	狂犬病ウイルス(不活化)	○										
コア	イヌパルボウイルス(生)	○	○		○	○	○	○	○	○	○	○
コア	イヌジステンパーウイルス(生)		○		○	○	○	○	○	○	○	○
コア	イヌアデノウイルス1型(生)*1				○	○	○	○	○	○	○	○
コア	イヌアデノウイルス2型(生)				○	○	○	○	○	○	○	○
コア	イヌアデノウイルス2型(不活化)			○								
ノンコア	イヌパラインフルエンザウイルス(生)					○	○	○	○	○	○	○
ノンコア	イヌパラインフルエンザウイルス(不活化)			○								
ノンコア	イヌコロナウイルス(生)							○	○	○	○	○
ノンコア	レプトスピラ(不活化)*2	(1)						(2)	(2)	(3)	(4)	(5)
ノンコア	ボルデテラ・ブロンキセプチカ(不活化)			○								

*1 イヌアデノウイルス1型は2型のワクチンで予防可能なため、1型がワクチンに含まれていなくても1型2型とも予防できる。
*2 製品ごとに血清型の異なる2〜5種類を含む(カニコーラ、イクテロヘモラジー、コペンハーゲニーポモナ、グリッポティフォーサ)。
*3 ボルデテラ・ブロンキセプチカを含む3種混合ワクチンは、注射ではなく点鼻投与になる。

どのワクチンをどのように打つべきか？

　現在の日本では、1種だけの病気を含む単価ワクチンから11種の病気を含む多価ワクチンまで数多くのワクチンが流通しています(p.120表4-5参照)。このように多種のワクチンの中から何を、いつ、何回接種したらよいのでしょうか？

　まず、何を打つかということについては、あまり難しいことはなく、コアワクチンを打つことが推奨されます。そしてノンコアワクチンに関しては、住む地域の病気の発生状況により接種を検討することになります。

　いつ、何回接種するべきかについては、何を接種するかという問題よりはやや複雑になりますが、<u>世界小動物獣医師会</u>(World Small Animal Veterinary Association:WSAVA)のガイドラインに基づいた考え方を以下に記します。

　いつ接種し始めるかについては、**8～12週齢**あたりを目安にして接種を開始します。この時期に開始する理由は、母親からもらう移行抗体と呼ばれる免疫力が、多くの犬ではこの時期になくなっていき、感染症に対する免疫力を失っていくためです。ただし、自宅に迎えたばかりの犬の場合は、体調が不安定になりがちなため、この時期にあたったとしてもすぐに接種せず、環境に慣れてから状態を見て接種します。

　何回接種するかについては、生のコアワクチンの場合、初回接種後から**3～4週後に2回目**を接種、さらに**3～4週後の14～16週齢程度の時期に3回目**の接種を行うことが推奨されています。また、初回接種が16週齢以降の場合は、3～4週間後に1回接種の計2回接種が推奨されています。そしていずれの場合も、最終接種日から12カ月後に、免疫力を高めるために(**ブースター効果**という)再度接種を行い、それ以降は生のコアワクチンに関しては3年かそれ以上の間隔をあけての接種が推奨されています。以上が生のコアワクチンに関する接種方法であり、不活化コアワクチンやノンコアワクチンの場合は、初年度接種後以降も、**毎年1回**の接種が推奨されます。

　日本国内で一般的に接種されているワクチンには、生ワクチンと不活化ワクチンが1本になっているものが多いため、毎年1回の追加接種を行う必要があります。

異なるワクチン同士の接種間隔

　生ワクチンを接種すると、体内でさまざまな免疫反応が生じワクチンの効果が発現するにはおよそ4週間の期間を要します。そのため、この期間中に新たにワクチンを接種しても、現在進行中の反応に邪魔されてしまい、期待された効果が得られないことがあることから、異なる生ワクチンの同時接種や、生ワクチン接種後4週間の間に別のワクチンを接種するべきではないとされています。なお、不活化ワクチンの場合は、通常2週間あければ接種できます。

Column

衛生面の強化は、イメージ戦略としても重要！

　一般的には、「汚い食堂」では不衛生な状態で料理をつくっているだろうと想像してしまい、そこでは食べたくないと感じますし、「汚いホテル」ではホコリやバイキンが多く、感染症やアレルギーなどをおこすかもしれないと想像してしまうので、そこには宿泊したくないと思いますよね？

　同様に、トリミング施設やペットショップではどうでしょう。衛生面でしっかり対策がとられていれば、「このお店は、感染症などの対策についてもしっかり考えられていて、病気がうつる可能性はないだろう」と感じるでしょう。逆にいえば、トリマーやペットショップスタッフがしっかりと感染症対策をしていても、「不衛生なお店」に見えてしまえば信頼度が低くなり、マイナスのイメージを与えることになるでしょう。

　そうしたイメージを与えていると、お店側に責任がない病気（ウイルス感染症やノミ・マダニによる感染症）になった場合も、「あの汚いお店の責任」だと思われて、無用な責任を追及されてしまう可能性があります。つまり、不衛生であることは、信頼関係にも大きな影響を与えてしまうのです。

　そのため、常に顧客目線を意識して、お客さんが使用する出入り口はもちろんのこと、周辺の道路に糞尿やゴミが落ちていないか、待合室やトイレ、受付カウンターなどに汚れがないか、置いてある本や置物、椅子などが整頓されているか、隅々まで確認し、十分な配慮をすべきです。プロとしてしっかり衛生管理することはもちろんですが、イメージ戦略として意識した配慮を普段から心掛けておくことも重要でしょう。

第5章

信頼されるトリマー・ペットショップスタッフになるための
飼い主さんへの病気・症状説明 模範回答集

病気と症状のことを聞かれたときの模範解答集（五十音順）

アレルギー／外耳炎／角膜炎／気管虚脱／逆くしゃみ／結膜炎／甲状腺機能低下症／肛門嚢炎／股関節形成不全／子宮蓄膿症／耳血腫／自己免疫性疾患／歯周病／膝蓋骨脱臼／膵炎／潜在（停留）精巣／前十字靭帯断裂／僧帽弁閉鎖不全／胆嚢粘液嚢腫／糖尿病／乳腺腫瘍／尿路結石／膿皮症／白内障／皮膚糸状菌症／副腎皮質機能亢進症（クッシング症候群）／副腎皮質機能低下症（アジソン病）／ぶどう膜炎／ヘルニア／マラセチア皮膚炎（脂漏症）／慢性腎臓病／慢性腸症／毛包虫症（ニキビダニ症）／門脈体循環シャント／緑内障

※他の章にも記載はありますが、この章を見れば飼い主さんへ答えられる回答集としてまとめました。

病気と症状のことを聞かれたときの模範回答集

飼い主さんからの質問にどう答える？

飼い主さんから突然、犬の病気や症状について聞かれたらドキドキしてしまうかもしれませんが、あわてずに以下の模範回答集を参考に説明してください。また、本稿では詳細な解説は省き、飼い主さんにわかりやすい言葉で伝えられるように単的に解説してあるので、各病気の詳細は別項を確認してください。病名と症状は五十音順です。

あ行

アレルギー

本来であれば犬にとって敵ではない物質（花粉、ハウスダストなど）が身体に侵入したときに、それらを誤って外敵とみなし、過剰に攻撃してしまうことをアレルギーといいます（過敏症ともいう）。アレルギーは遺伝が関与することが多く、発症しやすい犬として柴、ゴールデン・レトリバー、フレンチ・ブルドッグなどが知られています。また、アレルギーといってもさまざまで、1歳齢以下で症状が出やすいのは食物アレルギー、3歳齢未満で症状が出やすいのは犬アトピー性皮膚炎であることが多いです。スギ花粉や家ダニなどの関係する場合は、季節によって症状が強い、弱いがあります。つまり季節性がある場合は、犬アトピー性皮膚炎の可能性が高いです。他には、中高齢の犬ではノミが寄生しておこるノミアレルギー（背中の脱毛）や、プラスチックやゴム製品、首輪などとの接触が原因で症状の出る接触アレルギーなどがあります。治療は原因となる物質を除去することですが、できない場合はステロイド薬などの免疫抑制薬、薬用シャンプー、外用薬なども使用することがあります。

か行

外耳炎

原因は、細菌、真菌、耳疥癬（かいせん）、アレルギー、異物、腫瘍（しゅよう）、脂漏（しろう）性皮膚炎などです。垂れ耳の犬種に多く認められる傾向があります。症状は、耳介や耳道の炎症や腫脹（しゅちょう）、大量の耳垢や化膿性の分泌物を認め、痛みやかゆみのため頻繁に頭を振ったり耳を掻いたりするようになります。治療は、原因疾患の治療に加え、耳洗浄や点耳薬の投与、内服薬による治療が必要なこともあります。

角膜炎

外傷や涙が足りない、逆さまつげなどにより角膜に傷がついて痛みを伴う病気です。トリミング時のシャンプー剤の誤った混入による刺激や、タオルドライ、ドライヤー使用時における損傷や乾燥が原因になることもあります。症状は何よりまぶしそうにショボショボすること（羞明（しゅうめい））や流涙（りゅうるい）、目の赤みや濁りなどです。治療は、目薬の点眼はもちろんのこと、痛みで目をこすらないようにエリザベスカラーによる保護も必要なことが多いです。

気管虚脱

呼吸に伴い気管がつぶれてしまう病気で、中高齢の小型犬でよく認められます。散歩などの運動、よく吠える、遺伝などが原因で発症するとされ、興奮時などに咳をするようになり、悪化すると呼吸困難をおこすようにもなります。内服薬のほか、手術による治療が必要となることもあります。

逆くしゃみ

鼻孔から空気を急激かつ連続的に吸い込む状態をいい、まるでくしゃみを吸引しようとしているように見えるため、「逆くしゃみ」と呼ばれます。見た目は、犬が苦しそうに首を上にあげて喘息のように見えるので飼い主さんはびっくりします。その発作は、通常は数秒から数分で治まります。原因が不明なことも多く、逆くしゃみで状態が悪くなることはほとんどありません。

結膜炎

主にアレルギーや感染、刺激物、ドライアイなどが原因で目の結膜の炎症や腫脹がおこる病気です。角膜炎と同様に、トリミング時にシャンプー剤が目に入ったことが発症の原因となることもあるので注意が必要です。通常は点眼薬で治療を行います。

甲状腺機能低下症

中年齢でしばしば認められます。甲状腺ホルモンの分泌が低下することで、活動性低下、食欲低下、太りやすい、むくみのため悲しそうな顔になる、寒がる、体温が低い、脱毛などといった症状が認められます。治療は不足している甲状腺ホルモンの投薬です。

肛門嚢炎

小型犬に多く、肛門嚢の細菌感染により生じる病気です。症状は、肛門をこすったり舐めたりなど、しきりに気にする様子が認められ、肛門嚢が腫れて、炎症や疼痛を伴い、進行すると肛門の脇から膿の排泄が認められることがあります。治療は肛門嚢内容物の排泄・洗浄に加えて、抗菌薬の投与も行います。

股関節形成不全

大型犬に多く、股関節にある大腿骨が骨盤（寛骨臼）へうまくはまらない、関節の変形、骨折（微小骨折）を引きおこし跛行を示す病気です。先天的に子犬で症状を示すことが多いですが、中年齢以降で初めて痛みがおこることもあります。トリミング後に症状の悪化を認める場合もあるため、注意が必要です。治療は、内服薬やサプリメント、食事や運動制限などを行いますが、痛みがとれない場合は外科手術も検討されます。

子宮蓄膿症(ちくのう)

未不妊の6歳齢以上の雌で多く認められ、子宮内膜の感染から子宮内に膿(うみ)がたまる病気です。陰部からたまった膿が排出されますが、排出されない場合は子宮やお腹の中が膿で満たされた状態になります。症状は、元気や食欲がなくなり、発熱、多飲多尿といった症状が認められ、敗血症から死に至ることも少なくありません。治療は緊急的な外科手術が必要とされることが多いです。

耳血腫

外耳炎や外傷などが原因で、耳介の中の血管がやぶけ、出血してしまい耳介に血だまりのできる病気です。治療は血だまりを針で抜き、再度たまらないように耳介をテープでぐるぐる巻きにしたり、穴をあけるなどの手術が必要になったりすることもあります。

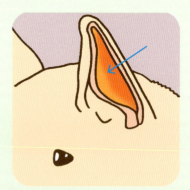

自己免疫性疾患

自己免疫性疾患とは、アレルギーの一種で本来細菌やウイルスなどの外敵を攻撃するはずの免疫が、何らかの原因により自らの体を攻撃してしまう病気です。種類として、皮膚に出るタイプの天疱瘡(てんぽうそう)やエリテマトーデスといった疾患があります。皮膚症状は、多数の膿疱(のうほう)や赤み(紅斑(こうはん))、かさぶた(痂皮(かひ))や皮がむける(びらん)、穴が開く(潰瘍(かいよう))、全身の多量のフケなどといった激しい症状がおこります。異常をきたした免疫機能が元に戻ることはなく、生涯にわたりステロイド薬などの免疫抑制薬を使用する必要があります。

歯周病

3歳齢以上の犬の8割に認められるほど発生が多い病気です。とくに小型犬では重度になり、歯根周囲の感染による歯周病は下顎骨の骨折や、目の下の皮膚から排膿が認められることもあります。治療は、歯石除去(スケーリング)を実施しますが、予防として歯磨きが必要です。

膝蓋骨脱臼(しつがいこつだっきゅう)

小型犬で発生が多く、生まれつき膝の皿がはずれてしまう病気です。とくに内側への脱臼が多いです(内方脱臼*)。トリミング後に悪化を認める場合もあるため注意が必要です。治療は早めの手術が理想的で、ひどい痛みが続く場合や、脱臼の程度が重度の場合には、大がかりな手術が適応となることが多いです。

*大型犬は外方脱臼。

膵炎(すいえん)

消化酵素を出す膵臓に炎症がおこり、嘔吐や下痢を発現させる病気です。原因はさまざまですが、不適切な食事(人用の加工食品など)、ストレスなどです。ときに急性胃炎が実は膵炎だったということもあります。治療は消化薬などの投薬や点滴などです。膵炎を繰り返すと、インスリン分泌する細胞が損傷して、インスリン分泌が弱くなるので糖尿病になる危険性も秘めています。

潜在（停留）精巣

　超小型犬種で多く認められ、本来2カ月齢以降で陰嚢内に下りてくるはずの精巣が、腹腔内や皮下にとどまってしまう遺伝性の病気です。痛みや不快感などはありませんが、とどまってしまった精巣は将来的に、健常な犬に比べ10倍以上も腫瘍になりやすいと考えられているため、外科的な摘出が推奨されます。なお、遺伝性疾患のため、罹患した犬は繁殖させるべきではありません。停留睾丸、陰睾丸と呼ばれることもあります。

前十字靭帯断裂

　膝関節の中にあり、大腿骨と脛骨をつなげている靭帯である前十字靭帯に損傷が生じて、跛行や挙上が認められる病気です。5歳齢以下の若齢で頻発します。シャンプー時に足元が滑るなどして、トリミング後に悪化することもあるため注意が必要です。治療は基本的に外科手術が適応になります。

僧帽弁閉鎖不全

　小型犬に多い心臓病です。心臓は4つの部屋があり、その部屋をわけるトビラ的な左側の弁に異常がおこることで、うまく全身に血液が送れなくなる病気です。症状は、疲れやすい、呼吸が早い、運動後や夜中の咳などです。治療は血管を広げて心臓から血液を出しやすくする血管拡張薬や利尿薬などの投薬や、食事療法が行われます。

胆嚢粘液嚢腫（たんのうねんえきのうしゅ）

何らかの原因で胆嚢の中にゼリー状の粘液物質が貯留した状態をいいます。胆汁の分泌を障害するためにさまざまな消化器症状を引きおこし、状態が進むと、黄疸や胆嚢破裂に伴う腹膜炎などの重篤な合併症を引きおこします。治療は投薬や手術などを行うことがあります。

糖尿病

膵臓から分泌されるインスリンというホルモンが足りなくなる病気です。インスリンは血糖値を下げる作用があり、足りないと高血糖となり尿から糖が漏れるので糖尿病といいます。遺伝や肥満、膵臓の炎症などといったさまざまな要素がリスクとなり発症します。症状は水を多く飲んで尿をたくさん出します（多飲多尿）。また高血糖は感染症もおこしやすくなります。治療は足りないインスリンホルモンを注射で投与したり、食事療法をしたりすることが多いです。

乳腺腫瘍

10歳齢前後の中高齢で避妊していない雌犬に多い腫瘍です。主に乳頭の並びの皮膚の下にコリコリとしたシコリが発生し、多くの場合痛みや違和感は伴いません。犬の乳腺腫瘍は比較的良性が多いですが、中には悪性もあるので、早めに治療をするべきです。

膿皮症

犬の常在菌であるブドウ球菌による皮膚の細菌感染症のことです。原因は主にアレルギーや外部寄生虫、ホルモン性疾患などが原因となります。症状は、ブツブツ（湿疹）や脱毛、かさぶた（痂皮）や赤みが認められます。治療は抗菌薬による内服薬や抗菌作用のあるシャンプーや外用薬などが選択されます。

尿路結石

尿路というのは尿がつくられ排泄されるまでのルートである腎臓、尿管、膀胱、尿道すべてをさします。そのいずれかに結石のできた場合を尿路結石といいます。腎臓にできた場合は慢性腎臓病と関係しており、腎臓から尿管に結石が落ちると尿管結石となり、ときにその石がつまることで急性腎臓病となります。膀胱内の石は慢性的な頻尿や血尿を引きおこします。膀胱内の石が尿道に入った場合は、閉塞をおこし尿が出ない、または出にくい状態になることがあります。雄の場合は尿が出にくいので力むため、陰茎が飛び出したままになることもあります。治療は食事療法や手術です。

白内障

目の中にあるレンズである水晶体が白く濁ることで、最終的には目が見えなくなる病気です。高齢で発症するイメージがあると思いますが、遺伝的な要因やぶどう膜炎、糖尿病などが原因で若齢での発症もあります。初期の場合は、専用の点眼薬によりある程度の効果は期待できますが、基本的には内科的治療は困難で、外科手術だけが根治治療となります。

皮膚糸状菌症（ひ ふ し じょうきんしょう）

皮膚糸状菌の感染による脱毛や炎症、かゆみなどがおこる疾患です。感染していても症状がない犬もいます。人獣共通感染症のため、犬だけではなく人にも感染します。感染拡大予防のため、自宅や施設、道具の消毒には十分な配慮が必要です。治療は、抗真菌薬の内服薬や外用薬で行う他、感染した被毛を刈る場合もあります。

副腎皮質機能亢進症（こうしんしょう）（クッシング症候群）

犬のホルモンの病気で最もよく認められ、中年齢（8歳齢以上）の犬での発生が多いです。副腎からのコルチゾールというホルモンが過剰分泌されることで、多飲多尿、かゆみのない両側対称性脱毛、皮膚が薄くなる、お腹が張るなどといった症状が認められます。治療は主に内服薬により過剰なホルモン分泌を抑制します。

副腎皮質機能低下症（アジソン病）

副腎皮質機能亢進症の逆で、副腎皮質からホルモンの分泌が低下している状態を副腎皮質機能低下症といいます。強いストレスなどが原因でおこることがあります。症状は大変わかりにくく、元気や食欲がない、フラフラするなどです。治療は足りないホルモンを補充します。

ぶどう膜炎

目の中の血液の豊富な部分である虹彩（こうさい）、毛様体（もうようたい）、脈絡膜（みゃくらくまく）のことをぶどう膜といい、ここで炎症がおきたものをぶどう膜炎といいます。緑内障や白内障の原因になることがあるので、早期に治療をする必要があります。

ヘルニア

ヘルニアというのは飛び出している、という意味であり、よく勘違いされる「椎間板ヘルニア」だけを表す言葉ではありません。そのヘルニアには椎間板ヘルニア以外に、出べそのようにへそが飛び出す臍（へそと書いてさいと読む）ヘルニア、内股の付け根の穴から飛び出す鼠径（そけい）ヘルニア、肛門の両脇にある会陰部（えいん）が飛び出す会陰ヘルニアがあります。飛び出しているのはそれぞれ違い、椎間板ヘルニアは椎間板、臍ヘルニアと鼠径ヘルニアはお腹の中の脂肪や腸など、会陰ヘルニアは主に直腸です。

椎間板ヘルニアだけは遺伝が関与し、ダックスフンドやペキニーズ、トイ・プードルなどの軟骨異栄養性犬種（特定の犬種で遺伝性）で多いですが、遺伝でなくても高齢になると発現することもあります。症状は、足がうまく使えない、麻痺などです。治療は内科治療で改善するものもありますが、重篤な場合は手術が必要です。他のヘルニアについても手術が必要なことが多いです。

マラセチア皮膚炎（脂漏症）

すべての犬の皮膚にいるカビ（真菌）の一種のマラセチアが異常に増えてしまう病気です。皮膚炎がひどい場合は、皮脂が多く分泌され脂漏性皮膚炎ともいわれます。皮膚はベタベタでフケが多く、とくに独特な脂の腐ったようなにおいがします。マラセチアは皮脂を食べるので、治療は脂をとる作用や真菌を殺す作用のあるシャンプーや塗り薬の他、抗真菌薬やステロイド薬による内服治療を行うこともあります。

慢性腎臓病

尿をつくり、濃縮する腎臓に問題の出る病気です。中高齢の犬に多く、初期には尿を濃縮する力が弱くなるため多尿、さらにその影響で脱水になり水を多く飲みます。末期になると尿がつくられなくなるので尿が出なくなり、尿で排出される毒素が全身にまわりけいれんをおこすこともあります（尿毒症）。治療は、点滴、食事療法、サプリメントなどです。

慢性腸症

慢性の嘔吐や下痢のことですが、原因が多岐にわたるのでその原因が何かを診断する必要があります。考えられる原因としては、食物アレルギーや自己免疫性疾患、感染症などがあります。治療は食事療法やステロイド薬、抗菌薬、プロバイオティクスなどを使用します。

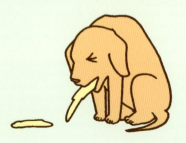

毛包虫症（ニキビダニ症）

ニキビダニというのは、すべての哺乳類が皮膚内にもっている寄生虫なのでうつるものではありません。子犬や免疫力の下がった犬などで皮膚が脱毛や毛穴がブツブツするなどの皮膚症状が出ます。治療は免疫力の下がった原因の治療が重要ですが、駆虫薬を投与することがあります。

門脈体循環シャント

犬の門脈シャントは、肝臓に送られる血液が本来必要な肝臓を経由せず、不要な迂回経路（シャント）から全身へ運ばれてしまう状態です。後天性もありますが先天性が多く、早期に治療を行わないとあらゆる臓器の機能低下につながってしまいます。症状は成長不良や嘔吐、下痢、低血糖、けいれんなどです。治療は点滴を行いますが、手術が必要です。

緑内障

主に中年齢で発症します。眼球内に存在する水（眼房水）の供給と排泄とのバランスが崩れ、眼球内の圧力が大きくなる病気です。目が大きくなることで強い痛みが出て、さらに目の奥にある視神経の圧迫により、失明してしまうこともあります。遺伝的な理由だけでなく、ぶどう膜炎などの炎症などから発症することがあります。すぐに失明してしまうので急いで治療をする必要があります。治療は目薬の投与ですが、点滴や手術をすることもあります。

第6章
トリミングトラブル解決集
トリミング中にやってしまった・トリミング後に気が付いた
トラブル13選

1. 爪切りで出血させてしまった ……………………………………………… p.133
2. 目がショボショボしている（羞明）≒角膜炎 …………………………… p.134
3. フケが多くなった ………………………………………………………… p.134
4. 皮膚をかゆがったり赤くなったりしている …………………………… p.135
5. 嘔吐や下痢をした ………………………………………………………… p.136
6. 血尿が出てしまった ……………………………………………………… p.136
7. 片足立ちになっている、足腰が立たない ……………………………… p.137
8. 足先を舐めている、さわると嫌がる …………………………………… p.137
9. イボや皮膚を切ってしまった …………………………………………… p.138
10. アザや跛行（足を上げる）などのケガをしてしまった ……………… p.139
11. 誤診されたとお叱りを受けた …………………………………………… p.140
12. 呼吸が荒くなりくしゃみをしている …………………………………… p.140
13. トリミング後から体の一部を咬んだり舐めたりしている …………… p.141

トリミングトラブル解決集

トリミングトラブルがおきてしまったら

　トリミングを行っていると、急なケガや病気によって動物の体調が悪化してしまうことがあります。まずはそうした状況が発生しないように努力をするべきですが、このようなアクシデントはどんなに注意を払っていても、残念ながら一定の割合で発生してしまいます。アクシデントが発生した際には、飼い主さんにすぐに連絡するべきか、トリミングサロン内だけで対応できるものなのか、動物病院の受診が必要な状態なのか、そうであれば動物病院に行くまでの間に症状を悪化させないために、どのような応急処置をすべきかを考える必要があります。

　また、どうしてもこちらに過失があった場合は、その事実を隠すのではなく真摯な説明と謝罪をする必要があります。人はだれしも過ちを犯します。よってその対策として、真摯な対応こそが大きなトラブルへと発展しない得策ともいえます。

　しかし緊急事態に対処できるだけの最低限の知識や技術を身につけることは必要です。

　よくあるトラブルの中で、呼吸の異常、ショックなどの緊急性のある病気（第1章参照）や脱毛の病気（第3章皮膚の病気参照）以外のトラブル13選について「考えられる原因」、「ひとまずやりたい即時対応」、「お返しの際の説明ポイント」、「こうしておけばよかった予防策」を解説していきます。

 Case ❶ 爪切りで出血させてしまった

 考えられる原因　爪からの出血には深爪をしたという単純なものから、爪を引っかけて折れたなど重症のものまであります。

ひとまずやりたい即時対応

● 深爪した場合、または途中から折れてしまったが、出血はほとんどない場合

深爪した場合は、クイックストップで止血するだけでよいでしょう。途中で爪が折れた場合は、その爪が長く、少し切れるなら足が地面に着いた時に接地しない程度に切りますが、少しでも切ると出血しそうな場合は何もしなくてもよいでしょう。もし出血が止まっていても、動いたらすぐに出血しそうなら念のためクイックストップをつけておきましょう。

● 根元から折れ、出血のある場合

もちろんすぐに圧迫止血をします。クイックストップまたはアドレナリン液（ボスミン®外用液0.1％、第一三共）を染みこませたガーゼなどを持ち、折れた爪を包み込むように挟みながら押し当て、血が止まるのを待ちます。注意点としてはクイックストップは痛みを伴うため、できれば局所麻酔をしたいところです。それができない場合はそのまま行いますが、痛みのため犬が鳴いてしまうので、飼い主さんの前やお客さんのいる場所などは避けたほうがよいでしょう。それでも止血できない場合は、小さく切った外科用止血シート（サージセル®、ジョンソン・エンド・ジョンソンなど）や、止血用ゼラチンスポンジ（スポンゼル、アステラス製薬）などを出血している爪につけて、包帯やバンテージを巻いてしばらく置いておくという方法もあります。しかし商品が高額であることや、これらは医薬品なので動物病院での実施が必要なため、ない場合はひとまず圧迫止血をするしかありません。

止血異常がなければ2分ほどで止まりますが、犬が興奮している場合は血圧が高くなりよけい止まらなくなるので、安静にさせることも必要です。なお、深く折れた爪は感染しやすく、感染すると爪を取らなくてはならない病気になる恐れもあるため、必ず動物病院の受診をお願いしましょう。

 クイックストップって？

爪からの出血で日常的に使われる止血剤のクイックストップは、血液と反応して固まることで止血作用が得られるため、切断面の表面を固めただけでは、すぐに剥がれて再出血してしまう恐れがあります。そのため、使用する際は止血剤を血管に押し込むために、断面にすり込んでください。

なお、線香などを利用した止血処置は、嫌がって暴れた場合などに他の部位への火傷につながる可能性があるため、お勧めできません。

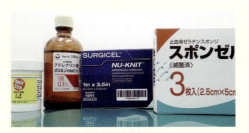
写真6-1　さまざまな止血剤
一番左がクイックストップ。

お返しの際の説明ポイント

クイックストップをつけた場合はしばらく濡らさないことと、数日は散歩中に引っぱったりして、アスファルトで爪が削れるような行為をしないように伝えます。

こうしておけばよかった予防策

爪が普段から削れている犬の場合は無理して爪を切らないこと。また爪が長すぎる犬や暴れる犬は、ケージ内のすのこなどで爪を引っかけないように配慮しておくといいでしょう。

Case ❷ 目がショボショボしている（羞明しゅうめい）≒角膜炎

 原因

温風だけでなく冷風を含めたドライヤーによる乾燥、外傷（目をつぶった状態でも角膜損傷をおこします）、シャンプーが目に入った、元々涙が不足していたなどが考えられます。

 ひとまずやりたい即時対応

何回さしても問題のない人工涙液（マイティア®など）、生理食塩水、またはヒアルロン酸などによる目の洗浄と、迎えが来るまで引っかいてよけいひどくならないようにエリザベスカラーを装着しておきましょう。眼軟膏は予防的投与に問題ありませんが、損傷した後はベタツキでよけいにこすることがあるので注意してください。

 お返しの際の説明ポイント

まずは、こちらに不備がなかったとしても状態が悪くなったことを謝罪します。その上で、一時的なものの可能性もありますが、元々涙が足りない病気の犬種（第2章目の病気参照）、または逆さまつげなどの病気のこともあるので、動物病院を受診の際にはそれらの病気がないか確認してもらいましょう。

 こうしておけばよかった予防策

事前に眼軟膏やヒアルロン酸の点眼を行うことはもちろんのこと、涙の分泌不備を疑う犬種の場合は、顔周囲はシャンプーやドライヤーを最低限のものにして予防的にカラーの装着をしておくとよいでしょう。

Case ❸ フケが多くなった

 原因

ドライヤーの距離や時間の不備で乾燥させすぎた、皮脂のとりすぎ、膿皮症やアレルギー、疥癬かいせんなどの皮膚炎、シャンプーが合わない、スリッカーやクリッパー（バリカン）による刺激などが考えられます。

 お返しの際の説明ポイント

ドライヤーで乾燥させすぎていないのに、フケが多くなっている場合は、元々乾燥肌や皮膚病であった可能性もあることを飼い主さんへ伝え、動物病院の受診を勧めてください。

 ひとまずやりたい即時対応

かゆみや赤みもある場合は、念のためエリザベスカラーを装着して迎えを待ちましょう。乾燥しすぎているなら保湿用のスプレーを使うか、再度水のみで全身を流し、乾燥させないように温風は最低限にして、冷風を中心に乾かしてもよいでしょう。

 こうしておけばよかった予防策

フケ症を含めた皮膚病を事前に判断し、それを考慮したシャンプー剤を選びましょう。また、ドライヤーで乾燥させるときは、ドライヤーの温度に注意を払うとよいでしょう。

Case ❹ 皮膚をかゆがったり赤くなったりしている

考えられる原因

乾燥しすぎ（かゆみ）、膿皮症やアレルギーなどの皮膚炎、シャンプーが合わない、スリッカーやクリッパーによる刺激、シャンプーのときにゴシゴシ洗いすぎて毛包炎になったなどが考えられます。

ひとまずやりたい即時対応

犬が引っかいたり、口が届く範囲内であれば口でかじらないようにエリザベスカラーを装着させ、飼い主さんのお迎えを待ちましょう。赤みがひどい場合は、炎症が出ている可能性があるので濡れたタオルなどで冷やすとよいでしょう。

乾燥しすぎなら保湿用のスプレーを使うか、再度水のみで全身を流し、乾燥させすぎないように冷風を中心に乾かすのもよいでしょう。

お返しの際の説明ポイント

トリミングによる興奮、皮膚の刺激やお湯、ドライヤーによる熱などで一時的に悪化しているかもしれないこと飼い主さんへを伝えます。時間が経過してもおさまらないようなら元々皮膚病や皮膚の弱い体質（犬アトピー性皮膚炎）であった可能性があるので、動物病院の受診を勧めてください。

こうしておけばよかった予防策

皮膚病をトリミング前に確認することはもちろんのこと、皮膚が赤い場合は、皮膚に熱をもたせないようにぬるま湯、ドライヤーの温風を避ける、ごしごし洗いすぎないなどの対策をするべきです。

毛包炎って？

毛包とは毛穴のことで、シャンプー時に皮膚をゴシゴシ洗い毛穴を刺激しすぎた場合に、毛穴に炎症を引きおこし、皮膚に赤みが出てしまうことです。とくに力を入れやすいトップライン（背中の中央）に発生することが多いです。また元々炎症をおこしていた場合やアレルギー、皮膚の弱い犬、毛包炎になりやすい犬種であるミニチュア・シュナウザーなどには注意しましょう。

Case 5 嘔吐や下痢をした

 考えられる原因

トリミングや拘束、他の犬によるストレス、元々胃腸の病気があったなどが考えられます。

 ひとまずやりたい即時対応

できればトリミングを中止し、すぐに飼い主さんに連絡をして迎えに来てもらいます。迎えに来られない、または軽度である場合は、おやつや食事は与えず、水も飲みすぎないよう少しずつにしましょう。他の犬によるストレスがあるなら隔離するなど配慮しましょう。とにかくトリマーからの事前の連絡がなく、飼い主が迎えに来たら悪い症状だったというのはよくないので、必ず飼い主さんへ一報を入れておきましょう。

 お返しの際の説明ポイント

軽い場合は、ストレスの可能性が高いので、飼い主さんへ次回のトリミング実施当日は食事や水、散歩を控えめにしてもらうよう伝えます。もちろん動物病院の受診を勧めますが、受診できない場合は問い合わせをして対処法を指導してもらうよう伝えましょう。

 こうしておけばよかった予防策

事前に、過去にも同じようなトラブルがなかったか、そして当日の体調を聞きましょう。事前のヒアリングや身体検査で体調の悪いサインがあったら調子を崩す可能性があることを説明しておきます。また、他の犬によるストレスの場合はできるだけ隔離をしましょう。

Case 6 血尿が出てしまった

 考えられる原因

トリミングや拘束、他の犬によるストレス、元々膀胱炎（尿が濃い、くさい）などがあったことが考えられます。

 ひとまずやりたい即時対応

まずは本当に血尿か、おりものか、爪などからの出血が尿に混入したのかなど確認してください。間違いない血尿の場合、あまりにもひどいならトリミングを中止し、すぐに飼い主さんに連絡して迎えに来てもらいます。迎えに来られない、または軽度である場合は十分な水分を与え、ストレスを軽減するために隔離するなどの配慮をします。

 お返しの際の説明ポイント

軽い場合でも動物病院への受診を勧め、受診できない場合は動物病院へ問い合わせしてもらい、対処法を指導してもらうよう伝えます。

 こうしておけばよかった予防策

事前に過去にも同じトラブルがなかったか、そして当日の体調を聞いておきましょう。もし、体調の悪いサインがあれば、トリミングで調子を崩す可能性があることを説明しておきます。また、他の犬によるストレスの場合はできるだけ隔離することなどの配慮が必要です。

Case 7 片足立ちになっている、足腰が立たない

考えられる原因

高齢の犬や膝蓋骨脱臼、股関節脱臼、椎間板ヘルニアなどの病気の犬を2本足で長い時間立たせたり、足を滑らせたりして病変部を傷めた、などが考えられます。

ひとまずやりたい即時対応

ずっと足を上げっぱなしの状態や足腰が立たない場合は、骨や関節など靭帯断裂や脱臼、脊髄疾患（椎間板内の出血など）、骨折などが疑われますが、結膜や歯肉の色が悪い、血圧が低い、呼吸に異常が見られるなどの症状があればショック状態の可能性もあります。いずれにせよ、すぐにトリミングを中止して飼い主さんに連絡し、動物病院の受診をしてもらいましょう。

一時的な場合は、すぐに元に戻る膝蓋骨脱臼の可能性がありますが、興奮などで痛みを我慢している場合もあるので、必ず動物病院の受診を勧めてください。

元々問題のある犬をトリミングする場合は、クッションなどを利用して足腰に負担がかからないように行いましょう（写真6-2参照）。

お返しの際の説明ポイント

動物病院の受診はもちろんのこと、できるだけ安静を保つことを伝えましょう。

こうしておけばよかった予防策

事前に持病がないか聞き、足腰の病気がある犬や高齢犬の場合は、腰や足に負担がかからないように配慮したトリミングを行う必要があります。

写真6-2　リウマチで自立不能な高齢犬（15歳雄）のトリミングの様子
<写真提供：天野雅弘先生（中央動物専門学校）>

Case 8 足先を舐めている、さわると嫌がる

考えられる原因

クリッパーの刃で皮膚が傷ついた（指の股に赤みがあるはずです）、深爪、足の痛みなどが考えられます。

ひとまずやりたい即時対応

原因を特定するのが先決ですが、足の痛みなら滑らない床の上で安静にさせます。また、クリッパーの刃で皮膚が傷ついたなら、飼い主さんの迎えが来るまでエリザベスカラーを装着させます。その他詳細は、皮膚の赤みはCase4、爪はCase1、足の痛みはCase7を参照してください。

お返しの際の説明ポイント

舐めこわしている、または痛みがひどくなるようなら、すぐに動物病院の受診をするように勧めてください。

こうしておけばよかった予防策

指の股（趾間）に赤みやかゆみがある犬、または皮膚の弱い犬の場合は、クリッパーの熱や刺激で悪くなることがあるので、クリッパーの使用をできるだけ避ける必要があります。また、足に何らかの病気がある場合は、事前にどの足が悪いかを聞いておき、その足に負担がかからないように注意しましょう。

Case ⑨ イボや皮膚を切ってしまった

考えられる原因

高齢の犬で毛に隠れた場所にイボがあった、毛玉などで絡んだところの皮膚をクリッパーやハサミで切ってしまった、高齢の犬なので皮膚の滑りが悪くクリッパーで傷つけてしまったなどが考えられます。

ひとまずやりたい即時対応

出血している場合はガーゼを当て、まずは止血をします。止血剤についてはCase1参照ですが、クイックストップだけは、痛みがひどくなるため傷には使用できません。止血できない場合はすぐに動物病院を受診しましょう。止血できた場合は、まわりの被毛を切ってどの程度の傷か確かめないといけませんが、さらに皮膚を切る恐れのある場合は、飼い主さんへ連絡して迎えに来てもらい、すぐに動物病院を受診してもらいましょう。

お返しの際の説明ポイント

止血ができた軽度な損傷の場合は、事実を話して謝罪しましょう。高齢のためイボが多い犬や毛玉がひどく皮膚の状態が悪い犬の場合は、飼い主さんが事前に状態を把握していれば、理解も得やすいでしょう。なお、止血と同時に切れたイボが乾燥しないように濡らしたガーゼなどに包んでおいて飼い主さんへ渡し、それを持参して動物病院の受診をするように勧めてください。

こうしておけばよかった予防策

高齢の犬の場合は、事前に皮膚などにイボがないか聞いておきましょう。また、飼い主さんからそのような指摘がなかった場合でも高齢の犬は皮膚にイボがあることが多いので、事前に飼い主さんと一緒に確認をしておくべきです。イボを確認した場合は、トリミング前に場所をメモしておき、その場所に注意しながらトリミングを行います。

毛玉が絡んでいる場合は、濡らしたり、コームなどで事前にほどいたりしましょう。そのまま毛玉をカットする場合は、皮膚を引っぱらないようにコームを差し込んでみましょう。毛玉などで引っぱられている皮膚や、高齢の犬でクリッパーが滑らない皮膚の場合は、皮膚をクリッパーとは反対方向の手前に指で伸ばしながら少しずつクリッパーをあてるとよいでしょう。

Case ⑩ アザや跛行（足を上げる）などのケガをしてしまった

考えられる原因

トリミング中に動いたときに強く抑えたり、器具があたったり、トリミング台から落ちてしまったりしたなどが考えられます。

ひとまずやりたい即時対応

一時的な足の跛行の場合は、獣医師の診断が必要なため、それまでは滑らない床のケージに入れて安静にしておくのが重要です。

また、責任者（院長や先輩などの上司）に言いづらいという場合もあると思いますが、報告ではなく相談（経緯を含め丁寧に伝え、その対処法を伺う）という形で伝えましょう。責任者も事前に聞いていればある程度の対応が可能になり、大きな問題に発展させにくくすることができるでしょう。

お返しの際の説明ポイント

人は聞いていないことをあとで発見したときに最も怒りがこみあげてきます。トリマーが故意ではないことと、ケガの理由をその経緯を含めてきちんと伝え、結果（こちらに不備があったことではない場合でも）に対して謝罪をします。黙っておけば気が付かないだろうと思うのは危険です。

また、トリマーに認識がなく帰宅後に飼い主から問い合わせがあった場合は、時間が経つとそのときの状況を忘れてしまい、わからなくなるので、すぐに連れてきてもらい（または自宅を訪問）上記の対応をしましょう。

こうしておけばよかった予防策

元々の体質や病気、加齢の変化で出血しやすい場合は、ちょっと圧迫しても内出血になることがあります。事前にそのようなことがないか、飼い主さんに聞いておくとよいでしょう。

また、じっとしていられない動きすぎる犬の場合、できればトリミングは二人態勢にする、なるべく少しずつ行い急いでトリミングをしない、飼い主さんに時間のかかることを伝えておく、トリミング台から落ちないように台の周辺にクッションなどを置いたり、リードを2重にしたりする、ハーネスをつける（胴まわりをトリミングするときは外す）などの対応をするようにしましょう。

飼い主さんとの認識のずれを防ぐために、お返しの際に、飼い主さんと一緒に全身のチェックをしてからお返しするのもよいでしょう。

Case ⑪ 誤診されたとお叱りを受けた

考えられる原因

相談されたので、〇〇という病気かもしれませんと伝えたことが誤解を招いた可能性が考えられます。

ひとまずやりたい即時対応

よかれと思って安易に病名を伝えてしまう方がいますが、トリマーやペットショップ店員はもちろん、愛玩動物看護師でも病気の診断をしてはいけないので、限定した話し方をしないようにしましょう。診断は獣医師の職域なので注意してください。

お返しの際の説明ポイント

飼い主さんがトリマーやペットショップ店員の言葉をそのまま受け止めてしまうこともあるでしょう。そのため、お伝えするとしたら、「私は獣医師ではないので診断できませんが、〇〇という病気の疑いがあるので、動物病院で相談されてはいかがですか？」と言うのがよいでしょう。

こうしておけばよかった予防策

上記の方法でも「〇〇という病気と診断された」、と思われる飼い主さんもいるので、その人の性格を考慮して対応を変えることも必要です。例えば、神経質な方にはあまり限定するような病名を言わないようにするのがよいでしょう。

Case ⑫ 呼吸が荒くなりくしゃみをしている

考えられる原因

呼吸が荒くなる原因には、興奮や心疾患、呼吸器疾患などの病気が関係することが考えられます。
くしゃみは、アレルギーでなければ一時的に毛が鼻腔内に入ってしまったことが考えられます。

ひとまずやりたい即時対応

まずは一旦トリミングを中止して、ケージに戻し安静にさせましょう。そこで呼吸が安定したり、くしゃみなどが止まったりするかどうか確認してください。心臓疾患や呼吸器疾患のある犬の場合は、無理せず中止も検討しましょう。どうしても実施しなくてはならない場合は、獣医師と相談しつつ、休み休みで実施する、仕上がりの完璧を求めないなどを考慮しましょう。

呼吸がおかしい、くしゃみみたいな喘息のようにみえる、逆くしゃみ（p.12 参照）もあります。逆くしゃみの場合も一旦ケージに戻し落ち着くのを待つべきでしょう。

お返しの際の説明ポイント

現状は落ち着いていたとしても、「〇〇があった」と事実をそのまま伝えるようにしてください。そして帰宅後にも同じようなことがおこる可能性があることと、原因究明のために獣医師に相談するように、飼い主さんに伝えるようにしてください。

こうしておけばよかった予防策

基礎疾患の有無を予約の際に聞いておくようにしましょう。次回は預かる前に、前回呼吸が荒くなったことを伝えて、疾患の有無を確認しましょう。

Case ⑬ トリミング後から身体の一部を咬んだり舐めたりしている

考えられる原因

クリッパーの刃で皮膚が傷ついた、乾燥、アレルギーによるかゆみの悪化などが考えられます。

🏥 ひとまずやりたい即時対応

● **クリッパーで皮膚を傷つけたのが原因の場合**

最も多いのが、クリッパーをかける趾間と思われます。クリッパーの刃で皮膚が傷ついた場合は、お返しの時間までエリザベスカラーを装着させ、乾燥してかゆみが出ないように趾間にワセリンや軟膏をつけましょう。

● **ドライヤーのかけすぎによる乾燥が原因の場合**

とくにアトピーの犬の場合は乾燥肌なので、他の犬に比べて乾燥によるかゆみが誘発されやすいです。この場合は、濡らしたタオルなどを当てるか、再度軽く流し、ドライヤーを軽くかけるようにしましょう。

● **元々アレルギーなどでかゆみのあるところが悪化したことが原因の場合**

シャンプー時に熱い温度のお湯を使ったことにより、皮膚が熱を持ち、元々アレルギーなどでかゆみのあるところが悪化したことが原因の場合も、お返しまではエリザベスカラーを装着しておくことで擦過傷を予防できるでしょう。ただしアレルギーなどで重度のかゆみを誘発してしまった場合は、飼い主さんへ連絡し、可能であれば獣医師に相談しましょう。

お返しの際の説明ポイント

エリザベスカラーを数時間装着させておき、飼い主さんへ事実を伝え、できればすぐに獣医師へ相談するように伝えましょう。

こうしておけばよかった予防策

トリミング前に、アレルギーなどによる趾間炎などがないかを飼い主さんと共に確認しましょう。もし事前に赤みなどがあれば、トリミング後に悪化してしまう恐れや、クリッパーの刃で皮膚が傷つきやすいことを伝えた上で、トリミングしてよいか許可をとるようにします。事前に確認して許可をとっていたのであれば理解してもらえる可能性が高いでしょう。

写真協力 (五十音順)

天野雅弘先生　中央動物専門学校
是枝哲彰先生　藤井寺動物病院・動物人工関節センター
塩谷香織先生　かまくら犬と猫の病院
嶋原果映先生　オレゴン州立大学
嶋田竜一先生／秋元沙耶様　ぬのかわ犬猫病院
杉山和寿先生　杉山獣医科
原　康先生　日本獣医生命科学大学
日景 淳先生　アーツ動物クリニック
三村賢司先生　みむら動物病院
森田達志先生　日本獣医生命科学大学
山本拓也先生／山本敦子先生　チャムどうぶつ病院

参考文献

1) 浅利昌男監訳(2009)：イラストで見る小動物解剖カラーアトラス,インターズー
2) 浅利昌男(1996)：犬と猫の解剖セミナーー基礎と臨床ー,インターズー
3) 石田卓夫ら(2013)：動物看護の教科書,第4巻,緑書房
4) 伊從慶太監修(2014)：Dr.いよりの「わかりやすい皮膚の話」,トリム2月号(vol.30)特別付録,インターズー
5) 小方宗次編(2009)：カラーアトラス 最新くわしい犬の病気大図典－豊富な写真とイラストでビジュアル化した決定版－,誠文堂新光社
6) 兼島孝(2013)：動物看護の教科書,第3巻,緑書房
7) 柴田久美子(2014)：効果を引き出す知識を磨け！犬の薬用シャンプーの実際,アズ2014年7月号,インターズー
8) 島田健一郎(2013)：症例から理解する薬の"さじ加減"第4回,百田豊監修,SMALL ANIMAL DERMATOLOGY,Jul-Aug,Vol.9,No.4,インターズー
9) 関口麻衣子(2011)：シャンプー療法の特集にあたって,CLINIC NOTE,No.73,インターズー
10) 竹内和義編(2009)：トリマーのためのベーシック獣医学,ペットライフ社
11) Day,M.J.,Morzinek,M.,and Schultz,R.D.(2010):WSAVA Guidelines for the vaccination of dogs and cats,J Small Anim. Prac.
12) ネオ・ベッツ監修・監訳(2008)：伴侶動物のための救急医療,チクサン出版社
13) 長谷川篤彦監修(2014)：ジェネラリストのための小動物皮膚科診療,学窓社
14) 長谷川篤彦監修(2013)：プライマリ・ケアのための診療指針－犬と猫の内科学－,学窓社
15) 林　英樹監修(2016)：トリマーさんはよく見ている！病気の早期発見ポイントはここだ！,トリマーのための活用型病気小冊子Coco,トリム4月号,Vol.43,インターズー
16) 桃井康行監訳(2008)：犬の腫瘍,インターズー
17) Larry P.Tilley,Francis W.K.Smith,jr. 編(2006)：小動物臨床のための5分間コンサルト【第3版】犬と猫の診断・治療ガイド,長谷川篤彦監修,インターズー
18) Mount R,et al.,(2016):Evaluation of Bacterial Contamination of Clipper Blades in Small Animal Private Practice. J Am Anim Hosp Assoc.
19) 小沼 守(2015)：ロジックで学ぶ獣医療面接,緑書房
20) 小沼 守,前田 健,佐藤 宏監修(2019)：動物病院スタッフのための犬と猫の感染症ガイド, pp10-84.緑書房

索引

あ

赤み	33
アジソン病 ➡ 副腎皮質機能低下症	
足先	90
足先の病気	97
あぶら症	37
アルコール	116
アレルギー	40、124

い

異常呼吸	11
異所性睫毛	70
一般細菌	116
イヌアデノウイルス1型	120
イヌアデノウイルス2型	120
犬アトピー性皮膚炎	39、40
イヌコロナウイルス	120
イヌジステンパーウイルス	120
イヌセンコウヒゼンダニ症 ➡ 疥癬	
イヌパラインフルエンザウイルス	120
イヌパルボウイルス	120
イボ	138
イヤークリーナー ➡ 耳道洗浄液	

う

瓜実条虫（症）	23

え

会陰ヘルニア	85
エキノコックス症	24
塩化ベンザルコニウム	116

お

嘔吐	136
おしり・お腹まわり	80
お腹まわりのしこりの病気	89

か

外耳炎	54～56、124
疥癬	39、43、60
回虫（症）	22
潰瘍	36
角質溶解作用	104
角膜炎	68、124
角膜潰瘍	68
かさぶた	38
痂皮 ➡ かさぶた	
芽胞細菌	116
かゆみ（かゆがっている）	35、135
身体から出た感染症	41
眼瞼内反症	64
眼振	61
感染症	19、41
感染性肺炎	12
肝臓病	4、8
顔面神経麻痺	68

き

飢餓状態	4
気管虚脱	11、12、125
気管支炎	12
亀頭包皮炎	84、87
偽妊娠	88
逆くしゃみ	12、125
逆性石鹸 ➡ 塩化ベンザルコニウム	
丘疹	34
狂犬病	18
狂犬病ウイルス	120
強酸性水	116
胸水	12
強膜炎	64
緊急状態の評価法	13
筋の病気	98

く

クイックストップ	133
くしゃみ	74、76、140
クッシング症候群 ➡ 副腎皮質機能亢進症	

口	72
グラム陰性	116
グラム陽性	116
グルタルアルデヒド	116
クロルヘキシジングルコン酸塩	116

け

毛刈り後脱毛症	47
結核菌	116
結節	34
血尿	136
血便	85
結膜炎	71、125
下痢	85
牽引性脱毛症	48
元気	7
ケンネルコフ	12
原発疹 ➡ はじまりの皮膚の異常	

こ

コアワクチン	120
抗菌性	103
甲状腺機能亢進症	4
甲状腺機能低下症	47、125
抗真菌性	103
鉤虫（症）	23
口内炎	76
口鼻瘻管	77
肛門周囲の病気	85
肛門嚢炎	85、125
誤嚥性肺炎	12
股関節形成不全	98、125
呼吸数	10
腰まわり	90
骨格系の病気	98
コロナウイルス ➡ イヌコロナウイルス	
根尖膿瘍	76
コンディショナー	106

さ

臍ヘルニア	89、129

し

次亜塩素酸ナトリウム	116
紫外線灯	46、117
趾間炎	96、97
色素沈着	38
子宮蓄膿症	88、126
耳血腫	60、126
自己免疫性疾患	76、126
歯周病	77、126
歯石除去	79
ジステンパーウイルス ➡ イヌジステンパーウイルス	
肢端舐性皮膚炎	97
膝蓋骨脱臼	98、126
耳道洗浄液	56、57
歯肉炎	76、77
紫斑	33
斜頸	61
シャンプー療法	107～112
シュウ酸カルシウム	87
重症熱性血小板減少症候群	18
羞明	68、134
腫脹	52、54、72
出血	133
腫瘍	34
腫瘤	34
瞬膜突出 ➡ 第三眼瞼突出	
消化管内寄生虫	4
条虫	44、84
睫毛	63
睫毛異常	70
睫毛乱生	70
食物アレルギー	40
食欲	8
ショック	13
脂漏症	37、42
真菌	116
人工呼吸	14
人獣共通感染症	16～24
心臓病	4
心臓マッサージ	14
腎臓病	86

す

膵炎	126
水疱	34
ズーノーシス ➡ 人獣共通感染症	
ストルバイト	87
スピードトリミング	110

せ

生殖器の病気	87
世界小動物獣医師会 ➡ WSAVA	
脊髄の病気	99
接触アレルギー	40
潜在精巣	88、127
前十字靭帯断裂	98、127
全身チェック	2
前立腺疾患	86

そ

僧帽弁閉鎖不全	127
鼠径ヘルニア	83、129
続発疹 ➡ 続いてできた皮膚の異常	

た

体温	10
体格	3
第三眼瞼突出	64、66
苔癬化	38
体調	7
ただれ	30、33、72、75、82
脱脂作用	104
脱毛	35
脱毛症X	39、47
短頭種気道症候群	12
胆嚢粘液嚢腫	128

ち

チアノーゼ	13、72
チェリーアイ ➡ 第三眼瞼突出	
中耳炎	61

つ

椎間板ヘルニア	96、100、129
続いてできた皮膚の異常（続発疹）	32

て

停留精巣 ➡ 潜在精巣	
できもの	34、72
てんかん	99
デンタルケア	78

と

糖尿病	6、128
特発性てんかん	90、99

な

内耳炎	61
ナックリング	94
生ワクチン	119
舐めている	137

に

ニキビダニ症 ➡ 毛包虫症	
乳歯遺残	78
乳腺腫瘍	89、128
尿	8
尿路結石	87、128

ね

猫ひっかき病	44
熱中症	12

の

脳の病気	99
膿皮症	39、41、128
膿疱	34
ノミ	32、44
ノミアレルギー	39、40、44
ノミ咬（刺）症	44
ノンコアワクチン	120

は

肺水腫	12
バイタルチェック	9
白内障	69、129
はじまりの皮膚の異常（原発疹）	32
パスツレラ症	21
パッド腺癌	97

鼻	72
鼻血	72、74
パラインフルエンザウイルス ➡ イヌパラインフルエンザウイルス	
バリア機能	28、29
腫れもの	34
パルボウイルス ➡ イヌパルボウイルス	
パンティング	11

ひ

BCS（ボディコンディションスコア）	3
鼻腔内腫瘍	74、76
肥厚	38
鼻孔狭窄	11、12
膝	90
泌尿器の病気	86
皮膚	28
皮膚糸状菌	22
皮膚糸状菌症	22、44、129
肥満	5、6
肥満細胞腫	97
びらん	36

ふ

ブースター効果	121
不活化ワクチン	119
腹囲膨満	5、88
副腎皮質機能亢進症	6、47、129
副腎皮質機能低下症	129
副鼻腔炎	74、76
フケ	36
ぶどう膜炎	71、129
太りすぎ	3、4
ブルセラ症	20

へ

べたつき	37
ヘルニア	129
便	8
鞭虫症	24

ほ

膀胱炎	87
保湿作用	105
ボディコンディションスコア ➡ BCS	
ポビドンヨード	116
ボルデテラ・ブロンキセプチカ	120
ホルモンに関係する病気	6

ま

マイボーム腺	68、70
マダニ	19、20
まつげ ➡ 睫毛	
まつげの病気	70
マラセチア	58、59
マラセチア外耳炎	59
マラセチア皮膚炎	42、130
慢性腎臓病	130
慢性腸症	130
慢性鼻炎	74

み

耳	52
耳疥癬 ➡ 耳ヒゼンダニ症	
耳ヒゼンダニ症	59
脈拍数	10

む

むくみ（浮腫）	5

め

目	62

も

毛包炎	135
毛包虫症	39、42
網膜の病気	70
もらった感染症	41
門脈体循環シャント	130

や

薬用シャンプー	102〜105
やせすぎ	3、4

よ

幼虫移行症	22

り

- 流涙症 ……………………… 71
- 緑内障 ……………………… 69、130
- 緑膿菌 ……………………… 116
- 鱗屑 ➡ フケ

る

- 涙液分泌不全 ……………… 68

れ

- レプトスピラ（症） ………… 21

わ

- ワクチン …………………… 118〜121

その他

- BCS ………………………… 3
- MRSA ……………………… 116
- SFTS ➡ 重症熱性血小板減少症候群
- WSAVA …………………… 121
- PNP ………………………… 25

著者プロフィール

小沼　守
（おぬま　まもる）

獣医師 博士（獣医学）
千葉科学大学 危機管理学部 動物危機管理学科 特担教授
大相模動物クリニック 名誉院長
どうぶつ健康科学研究所 所長/代表

日本大学大学院獣医学専攻　卒業
埼玉県越谷市生まれ。日本大学獣医学科を卒業後、小動物臨床獣医師として約30年以上従事。その傍ら2017年4月から愛玩動物看護師養成学科のある千葉科学大学に着任、2024年から現職。その他、東京農工大学非常勤講師、日本動物看護学会常任理事・編集委員、獣医アトピー・アレルギー・免疫学会編集委員・技能講習制度委員、日本サプリメント協会ペット部会長、日本獣医エキゾチック動物学会監事、NPO法人獣医学教育支援機構 vetOSCE 委員、ほかを兼任。

主な執筆書籍としては、「愛玩動物看護師カリキュラム準拠教科書1・4・10巻（Eduward Press）」、「動物医療従事者のための臨床栄養学（Eduward Press）」「ペットサプリメント活用ガイド（Eduward Press）」、「ロジックで学ぶ獣医療面接（緑書房）」、「プライマリー・ケアのための診断指針－犬と猫の内科学－（学窓社）」、「ジェネラリストのための皮膚科診療（学窓社）」、「獣医臨床のための免疫学（学窓社）」、「動物病院スタッフのための犬と猫の感染症ガイド（緑書房）」、「小動物外科診療ガイド（学窓社）」、「ペットの命を守る本（緑書房）」ほか多数。

執筆協力（敬称略）

大相模動物クリニック関係者、天野雅弘先生（中央動物専門学校）

トリマー・ペットショップスタッフが日常業務で使える知識

めざせ 早期発見！

わかる犬の病気 第2版

2017年 2月20日　第1版第1刷発行
2024年 9月15日　第2版第1刷発行
著　者：小沼　守
発行者：太田宗雪
発行所：株式会社 EDUWARD Press
　　　　〒194-0022　東京都町田市森野1-24-13
　　　　ギャランフォトビル3F
　　　　編集部　Tel.042-707-6138　Fax.042-707-6139
　　　　販売推進課（受注専用）Tel. 0120-80-1906　Fax. 0120-80-1872
　　　　E-mail　info@eduward.jp
　　　　Web Site　https://eduward.jp/（コーポレートサイト）
　　　　　　　　　https://eduward.online/（オンラインショップ）
表紙・総扉デザイン：さよの
表紙・本文カットイラスト：藤井昌子
本文デザイン（原案）：秋山智子
解剖図イラスト：ヨギトモコ
イラストp.16、20一部、p.21〜24：はやしろみ
組版：藤岡康隆
編集協力：木村友子
印刷・製本：株式会社シナノパブリッシングプレス

乱丁・落丁本は、送料小社負担にてお取替えいたします。
本書の内容の一部または全部を無断で複写、複製、転載（電子化も含む）することを禁じます。
本書の内容に変更・訂正などがあった場合は、弊社コーポレートサイトの「SUPPORT」に掲載しております正誤表でお知らせいたします。
Ⓒ 2024 Onuma Mamoru. All Rights Reserved. Printed in Japan.
ISBN978-4-86671-229-1 C3047